读虫记

陈睿 苏洽帆 著

中信出版集团 | 北京

图书在版编目（CIP）数据

读虫记 / 陈睿，苏洽帆著 . -- 北京 : 中信出版社，2023.8
ISBN 978-7-5217-5822-1

Ⅰ. ①读… Ⅱ . ①陈… ②苏… Ⅲ . ①昆虫学－普及读物 Ⅳ . ① Q96-49

中国国家版本馆 CIP 数据核字（2023）第 115785 号

读虫记
著者：　陈睿　苏洽帆
出版发行：中信出版集团股份有限公司
（北京市朝阳区东三环北路 27 号嘉铭中心　邮编　100020）
承印者：　宝蕾元仁浩（天津）印刷有限公司

开本：880mm×1230mm 1/32　印张：9.25　字数：185 千字
版次：2023 年 8 月第 1 版　印次：2023 年 8 月第 1 次印刷
书号：ISBN 978–7–5217–5822–1
定价：69.00 元

第一章
观察：从昆虫到文化

第二章

总结：从规律到习俗

第三章

应用：昆虫的价值

第四章

探究：上下求索的自然科学

第五章

模仿：巧用昆虫智慧

第六章

展望：昆虫科学的未来

推荐序

小昆虫，大科学

昆虫是一类在我们身边非常常见的小生物，它们属于节肢动物门昆虫纲，是地球上物种数量最繁盛的类群。

不少人对昆虫的印象是脏、有毒、可怕，但实际上，只有极少数与人类接触密切的种类会对我们产生危害，而大部分昆虫是地球生态系统中极其重要的一环，它们在自然界中扮演着重要而有用的角色，例如为植物传播花粉的蜜蜂和蝴蝶、能够吐丝结茧的家蚕、专门清理粪便的屎壳郎，即便是令人讨厌的蚊子也是众多玩赏动物的养料。

昆虫的适应性很强，它们早在4亿年前就生活在地球上，并在漫长演化历程中根据不同生境发生了独特的改变；而人类文明的历史至今只有几千年，在这么“短”的时间中，走近人类生活的昆虫种类并不多，只有一些数量多、分布广的昆虫被人们记录并熟知，例如部分蝶蛾、甲虫、蚊蝇、蜻蜓、蚂蚁等等；世界上有大量的昆虫种类及其神秘的面纱等待着一代代学者去发现与研究。

《读虫记》的两位作者有丰富的自然教育与昆虫学研究经验，他们亲自走过许多国家与地区，看过许多不同的昆虫、了解不同地方的文化，学习多样化的学科，通过亲身见闻与调研，对昆虫与人类的关系进行了认真的思考。在这本书中，他们将人类与昆虫的关系分为六个递进的阶段：观察、总结、应用、探究、模仿、展望。在每一个章节中通过介绍一些常见的昆虫及人类对它们的利用，循序渐进地描绘了一幅人类文明与昆虫关系的精彩画卷。这六个阶段既是整个人类社会在发展中向昆虫学习的历程，也是每一个同学想要学习昆虫学时所需要经历的阶段。

昆虫学是一个非常宽广而有趣的学科，是自然科学最好的启蒙学科之一。这本书解答了“为什么要学昆虫”的疑问，即学习昆虫学的精髓其实学的是自然科学的思维，学的是发现规律的方法，学的是不断求索自然奥秘的精神。昆虫学与其他诸多科学领域都有交集，学习昆虫能让你多方面得到启发。

《读虫记》不仅包括了人们过去学习昆虫的故事，还有对未来昆虫学发展的展望。我衷心希望能有更多的青少年走入昆虫的世界，用最纯朴的方式去认知自然，在自己心中埋下科学的种子，将来能成为对自然孜孜不倦、上下求索的优秀学者和繁荣祖国科学事业的栋梁。

彩万志

中国农业大学昆虫学系教授

从昆虫到文化

第一章

圣甲虫

——复活之神与太阳之神

粪便孕育生命

有趣的故事总是从屎尿屁开始的。新疆的科考，充满新奇的风景与事物，特别是漫无边际的沙漠。在这样的环境中别说寻找昆虫了，任何风吹草动都能引起我们的注意。同样地，由于资源匮乏，沙漠环境里的生物对食物更加渴望，它们时时留意着任何一个潜在的猎物。我们遇见过为了不被吃掉而在叶子上长满尖刺的丝路蓟，遇见过爬上小嫩枝就开始吮吸树汁的梭梭蝉，遇见过在沙地上直直向着人狂奔的蜱虫；但若要说印象最深刻的，还得是在一坨新鲜的骆驼粪便中，那一只辛勤劳作的屎壳郎。

我们不知道它从哪儿来，要到哪儿去，但肯定不会是一个太近的地方——它在想方设法挖走一坨最大的粪便。屎壳郎的头非常巧妙，前端扁扁的，中间略微凹下，完全就是一个铲子的模样，它用身体作圆规，后腿为支点，身体一边旋转，头一边铲，绕完一圈下来，它已经在粪堆里画了一个圈，而这个圈的半径，刚好就是它身体的长度。弄少了不够，弄多了可能就滚不动了，多么巧妙的丈量方式！确定好粪球的大小，接下来只需要把粪球切开，再推出来就行了；但这并不容易，底部的连接并不好切断，好在，它还是个大力士，用“手”撑着地，后腿用力把粪球往外一蹬，可惜失败了。尝试了几次之后，它便换个方向再试一试，还是倒立着这么一蹬，这一次，它终于获得了一个粪球。但这并不是结束，而只是一个开始，接下来，屎壳郎需要把这个粪球推到自己提前挖好的洞中。我们尝试着在它前进的路上画出一条蜿蜒曲折的道路，它会顺着这条“路”前进一段，但很快会发现异常，这时，它会爬到粪球顶部，四处张望，找到方向，又继续下去推粪球。

一只小小的昆虫，是怎么看到无尽远方的一个小洞的呢？实际上，它会通过太阳或者月亮的偏振光，或者银河，或者风向来辨别方向，但我们所知的也只有这么多，它具体是怎么做到的，仍然不得而知。运送粪球的路并不简单，它是倒立着前进的，也就是完全看不见路，而为了走最短的直线，总会遇上些意料之外的阻拦：卡在树枝上，撞到石头上，推不上坡，或者掉到了坑中。就这样一路踉踉跄跄，终于把粪球送到了家中。

在屎壳郎的一路呵护下，这个粪球并没有损失很多，那么它的孩子就不用担心饿肚子了，对，它的孩子。这一切的努力，为的是给它的孩子创造一个安全、丰衣足食、无忧无虑的童年。屎壳郎妈妈会在这个粪球中产下一枚卵，一个粪球一枚卵，而孵化后的屎壳郎宝宝，就会在这个粪球中吃饭、睡觉、成长。屎壳郎，多么形象的名字：有一个粪便外壳的小虫子。当然了，它有自己的大名：蜣螂。只不过还是屎壳郎的名字听起来形象点。屎壳郎宝宝可能会在这个粪球里待上几个月，最后再完成自己的华丽转变。如果是个雌性宝宝，那么它在长大后也会跟妈妈一样，开始为后代奔波，周而复始，不辞辛劳。生命的循环，就是如此单调，却又神圣。

蜣螂推粪球

蜣螂的形态

蜣螂幼虫

粪便的美味

它们为什么要选择粪便呢？这个选择招来不少人的嫌弃。作为高度进化的物种，人类深知粪便的危害，因此本能地厌恶。这很正常，许多动物都会回避自己的便便，甚至曾有动物园里猩猩朝着人扔便便，这不单纯是简单的模仿扔东西的行为，它们也知道粪便是一种不好的东西，这是复仇。但是对于小动物特别是小昆虫来说，粪便的价值远超我们想象。第一，粪便是一种相对易得的美餐，毕竟真正吃粪便的竞争者并不多；第二，粪便找起来非常方便，毕竟有味道；第三，粪便是大动物初步消化后的产物，对小昆虫来说，这些食物残渣比直接消化食物简单，同时也不会有毒；第四，也是我们很容易忽略的一点，我们总以为粪便没有营养，实际上，食草动物的粪便里有大约 83% 的成分都是水，而有机质含量在 14% 以上；那么树叶呢？新鲜植物叶片的水分含量约达 80%。可见，从营养物质来说，特别是对昆虫来说，粪便与植物叶片相差不多。那屎壳郎选择粪便，或许并不是迫于生计，而是一个聪明的决定。

吃粪便的昆虫和动物很多，例如蚂蚁吃的蚜虫蜜露，实际上就是蚜虫的粪便，而随处可见的苍蝇更不用说了；此外，即便是漂亮的蝴蝶，它们之中有不少种类，也依赖于在粪便中补充营养。那么动物呢？考拉妈妈会拉出一种特殊的便便给它的孩子，孩子通过吃这个便便来获得消化桉树叶的能力；大象则更加直接，小象会直接取食父母的粪便，从而获得消化草的能力。听起来很令人诧异，实际上，它们吃粪便的目的不是充饥，而是粪便中有消化叶片能力的细菌，通过取食粪便，它们可以让这些细菌在自己的肠道中存活下来，之后这些细菌就会变成它们肠道中的益生菌，帮助它们消化植物。如果把这个过程放到人的身上，听起来是不是非常耸人听闻？但这是一种真实存在的医疗技术，称为“粪便移植”。当然不会是这么直接的手段，我们会采集健康人的粪便，从中培养有益菌群，之后再把进行过处理的菌群接种到病人的肠道中，这跟喝益生菌牛奶是一样的。这种疗法对一些肠道疾病有非常显著的效果。在生活中，有很多食物的名字跟粪便相关，例如猫屎咖啡、肥肠、牛瘪火锅，这何尝不是粪便呢？这么看来，屎壳郎好像也没有那么恶心人了，而且它那么努力地滚粪球，为的是让自己的孩子吃饱成长，多么美妙的母爱呀！有没有觉得，其实它还挺神圣的。

神圣的昆虫文化

其实，屎壳郎还真有一个非常神圣的名字：圣甲虫。古老而神圣的尼罗河流域孕育出了四大文明古国之一的古埃及，但尼罗河并不总是呵护自己的子民，每年丰水期的泛滥也带来了不少破坏。有意思的是，在洪水退却之后，土地上最早出现的就是屎壳郎，对古埃及人来说，这象征着新生。而之后又有人观察到，屎壳郎推着一个粪球，躲进一个洞穴里，这时候的屎壳郎通常色泽暗淡、虚弱无力；而在经过了一段时间后，同一个洞里面，会出现一只全新的屎壳郎，长得几乎一模一样，但是很明显，更加鲜艳漂亮，也更加有活力。这下更不得了了，古埃及人认为，这个屎壳郎通过这样的方式，让自己重获新生，于是，它开始被视为复活之神，受到崇拜。以至于有学者怀疑，金字塔其实就是一个粪堆的形状，而木乃伊们缠上布带后，看起来也十分像粪球里的屎壳郎幼虫。当然这些只是猜测，无从考证。但毋庸置疑的是，古埃及人确实在屎壳郎上寄托了重生的希望，也将它们奉为神灵。圣甲虫，即神圣的甲虫，法老们都希望借由它们的神秘力量，能在死后获得永恒，甚至是重生。当然了，这是不可能的，毕竟这件事圣甲虫自己也没做到，所谓的重生，实际上是它的孩子，是一种生命的延续罢了。

当然，对古埃及人来说，圣甲虫也不单单是复活之神这么简单，在许多文物上我们会看到另外一种圣甲虫形象：一对偌大的翅膀平直展开，后腿立在地上，前腿托举着太阳。这就是它的另一重身份——太阳之神。对屎壳郎来说，它只是完成自己的繁殖使命，但你有没有发现，它持之以恒地推着一个圆圆的东西在地上移动，与什么有点像？在古埃及神话中，司掌太阳的神叫作“拉”（Ra），古埃及人认为太阳神白天搭着太阳船自东向西航行，晚上则自西向东巡视，这是他更替昼夜的使命。而古埃及人发现，天上的太阳每天都会从东方正常升起，而在土地上，屎壳郎每天都在努力地推着粪球，这个粪球，就象征着天上的太阳，屎壳郎是太阳神“拉”的化身，它所做之事，不只是为了自己，更是为了让太阳永恒地出现，它，即是太阳之神。

埃及文化中的圣甲虫

古埃及人相信万事万物循环往复，世界则处在一个永恒之中。这与屎壳郎的生命历程又是何其相似：在粪球中生长，从粪球中蜕变，推着新的粪球，留下生的希望。我们都知道，古埃及人对猫十分喜爱，在他们非常崇拜的猫神“贝斯特”的一个塑像上，胸前有太阳神的纹路，而额头上也雕着一只圣甲虫，可见，圣甲虫的地位非同凡响，绝不是一只小虫子这么简单。无论它是日复一日推动着太阳升起的太阳之神，还是在地府之中司管再生的复活之神，寄托于屎壳郎身上的，是古埃及人对未来的希望，是对死后永恒的信仰。

蝉

·

——君子之虫与重生之虫

如果夏天有颜色，那一定是生机盎然的翠绿；

如果夏天有声音，那一定是绵延不绝的蝉鸣。

伴随着这翠绿与蝉鸣，我们行进在武陵山区进行植物考察。9 月底的重庆山间，温度适宜，结束白天的工作，手里已经拎着上百份植物样本，而这些都得在晚饭后制作完毕，一想到这儿，就越发舍不得这惬意的山林。打破这份枯燥的，是一声嘶哑的蝉鸣，似乎就在耳边，非常近，听得出它非常用力，就像生命结束前最后的呐喊。顺着声音找去，在一片草丛中，我被一抹不属于草地的绿色惊艳到了，这是一只程氏网翅蝉，它有着红色的复眼、黄色的条纹，在黑色的翅膀上，密密分布着翠绿的翅脉，好一副“钟灵毓秀”的样子，大胆的红绿配色，丝毫不显俗套，反而好似名角，艳压群芳。这一副不食人间烟火的模样，又为何落到了草地上？回忆起那声嘶哑的蝉鸣，我突然意识到，原来夏天结束了呀。我将它捡起，确定它已经无法再飞起，便小心地收起来了，我舍不得艳丽的绿，也想留下这个夏天。只是很可惜，它的惊艳，也只在夏天，制作成标本的程氏网翅蝉，褪去了身上所有的色彩，只留下一身黑色与枯黄，描绘着它曾经的美丽。

程式网翅蝉

在这个夏天中，蝉鸣其实就是一个内卷陷阱。无数的蝉费尽自己全部精力，声嘶力竭地鸣叫着，怕不是为了跟太阳比比谁更热情？实际上，这确实是一场竞赛，一场雄性蝉之间的生死竞赛。在这个舞台上，好听与否并不重要，谁叫的声大，谁就更有机会受到雌性的青睐。每当有一只蝉开始鸣叫，“内卷”就开始了：旁边的蝉也必须开始叫，不然就会错失参赛资格，而且得努力叫得更大声；始作俑的蝉，听到隔壁的声音，本来想休息，也不得不继续坚持；二者的较量，很快会扩张到更大的范围，结果就是你追我赶，谁也不愿让步，直到坚持不住，当有些蝉开始“闭嘴”，其他的也心照不宣地停下这阶段的比赛。因此，蝉鸣比赛的开始总是渐渐变强，而结束通常会仓促一点。实际上，这场比赛比的不仅仅是声音，更是一场生命的较量：蝉的颜色通常是与树干相近的棕色，这使得它们在树干上生活时不容易被天敌发现；然而一旦放声歌唱，在向雌蝉展示歌喉的同时，无疑也在向整个森林宣告自己所处的位置。捕食者们很喜欢这悦耳的蝉鸣，因为这代表着今天的午饭有着落了。如果叫得太小声，无法获得交配权，如果叫得太大声，容易被天敌发现。于是乎，这变成了一场很奇特的博弈，一场在生存和繁衍之间不断权衡的游戏。当然，胜利者会获得加倍的优势，这会成为它们炫耀的资本。

雄性动物的“特技”在自然界中比比皆是，有的是鲜艳的色彩，有的是特殊的身体结构，其中很多都是不利于它们存活的，但似乎这也成为它们一个展示的平台：“看，即便在这么危险的条件下，我依然能够很好地活着，这就是实力！”相比之下，雌性似乎没那么起眼，却反而是评委的角色，但换个思路，雌性实际上有着最强大也最危险的技能——产卵，这意味着它们需要耗费大量的能量用于繁殖。同时，产卵的时候也是它们最脆弱最危险的时候，仅这一项，就足够让雄性昆虫望尘莫及了。这么看来，雄性的生死较量似乎也没什么大不了的，那么就让这场夏季狂欢更盛大点吧。

蝉的新生

等秋天到来，一切又会归于沉寂，但生命的轮回刚刚开始。交配之后的雄蝉，完成了自己的使命，也会更快一步死亡。但对雌蝉来说，新的生命在它腹中孕育，它需要更加小心地保护自己和自己的后代，所以，它不会鸣叫，而是乖乖地躲起来。

等到时机成熟，就该准备产卵了，这也是一门学问。蝉是个素食主义者，植物就能满足它一生的需求，但它也得选择一棵健康的树，这样才有足够的营养。然后，它会挑选树上新长的枝条，把产卵器伸到嫩枝中，在里面产下一颗、两颗、三颗……直到把这根树枝里塞满卵，通常每根树枝里的卵都会超过 100 颗。这对植物来说是致命的，至少对这根树枝是。塞得满满当当的蝉卵，完全阻断了树枝的营养供应，不出多久，这根树枝便会毫无生机，脆弱不堪，只需一阵风，就会折断落地。而这正是蝉妈妈的目的，它的孩子，需要在土地里生活，这下子，宝宝们孵化出来后，就可以第一时间钻进土里，躲避绝大多数天敌的袭击，安逸地度过自己的童年。

在这不见天日的地下，有着错综复杂的根系脉络，这些根系里流淌着树根从土中吸收的水分，以及树根供给植物生长的养分。对蝉宝宝来说，这就是源源不断的美食，因此它会在这地下待上许久。这是它生命里最漫长的一段时间，当然，也是最轻松愉快的一段时间，或许是半年，又或许是17年。总之，吃饱喝足之后，又是一个春暖花开的季节，它已经蓄势待发，直到某一个晚上，破土而出，顺着最近的树干向上爬，通常越高的位置越安全。接下来，它需要进行一次非常重要的蜕变，也是它最后一次蜕变——长出翅膀，翱翔天际。

它爬到一个合适的位置，紧紧抓住树干，身体开始抽动，忽然背上裂开一条口子，只见一只青白色的蝉从中钻出，随后，它把身体倒悬过来，将身体里储存的水分挤到了自己那小小的翅膀中。它的翅膀就像一个气球，随着水分的进入，慢慢撑开，直到完全展开，远远超过了它的身体的体量。接下来，它还需要等待，等待着翅膀硬化，同时产生色素，把自己装扮成树皮的颜色，又或者让自己成为艳丽的角儿。这个过程需要持续数小时，而这期间，它无法动弹。如果翅膀在撑开的过程中被阻挡无法完全平展，那么它将无法飞行，因此它选择在夜晚来进行这个最危险的环节。如果顺利，在第二天太阳升起的时候，它已经飞上树梢，在一个最明媚闪亮的位置展现自己的歌喉。又一个夏天到来了。

蝉的生活史

生生不息

中华文明自古就对蝉推崇备至。古人认为，蝉的一生多数时间都在泥土中度过，不惧污秽，而待它羽化蜕变，全身青白色，冰清玉洁；待金蝉脱壳之后，翱翔天际，落于枝头，不近尘世，且终生只饮树汁雨露，好一副不食人间烟火的模样。蝉的清高廉洁，深受翩翩君子们的喜爱与向往。《史记·屈原贾生列传》提到“蝉蜕于浊秽，以浮游尘埃之外”的君子之风。唐代画家阎立本在其《历代帝王图》中，给每位皇帝的帽子上都画了一只金蝉，以此象征帝王的长生、高洁。而朱受新在《咏蝉》一诗里（“抱叶隐深林，乘时嘒嘒吟。如何忘远举，饮露已清心”）抒发的是自己对仕途前景的期许，同时也劝勉自己应饮露清心，远离浮世。古代文人对蝉的别样情愫，正说明他们洁身自好的朴素愿望，这些愿望也赋予了蝉更加神秘而有趣的人文色彩。

相比之下，帝王将相们眼中的蝉有着不一样的东西——生生不息的轮回。无论何时，无论何人，对于长生不老、转世投胎都有着无比浓烈的期待。越是有权势之人，越希望自己青春永驻，即便死亡无法避免，他们也希望能有来世，重享荣华富贵。古埃及法老这样想，中国古代的许多帝王也一样，如果终将长眠，那他们便会佩戴上“圣物”，期待着有一天破土而出。当然，这个“圣物”并不是屎壳郎，而是蝉，白玉雕琢而成的玉蝉。古代帝王们相信，蝉夏飞而鸣，秋冬归于尘土，是一种永世轮回。它们长眠于地下，待到次年夏初，就会从土中重新爬出，脱胎换骨，金蝉脱壳，又是当年一般，傲视群雄。因此，帝王们相信，蝉的身上有一种轮回的神力，他们以玉塑蝉，含于口中，暂眠地下，等待着属于他们的夏天来临。中国最早的玉蝉在商代殷墟“妇好墓”中出现，晚至明清的帝王也深信这只小昆虫能带领自己转世轮回。有意思的是，数千年后这只玉蝉重见天日，但帝王们的下一个夏天又要等到什么时候呢？

蝉鸣本是夏天的象征，但在古人眼中，蝉的鸣叫似乎总是带着一点悲伤的寓意。古人觉得，蝉本可以在树林深处安享清闲，却偏要大声鸣叫，引得他人注意，落得一个螳螂捕蝉的后果。而文人墨客们，则觉得蝉鸣悲切，特别是秋后，寥寥几声蝉鸣，道不尽诗人心中愁苦：“故国行千里，新蝉忽数声”“寒蝉凄切，对长亭晚，骤雨初歇”“蝉声未发前，已自感流年”。下次窗外蝉鸣，又会让我们想起哪个地方哪个人呢？

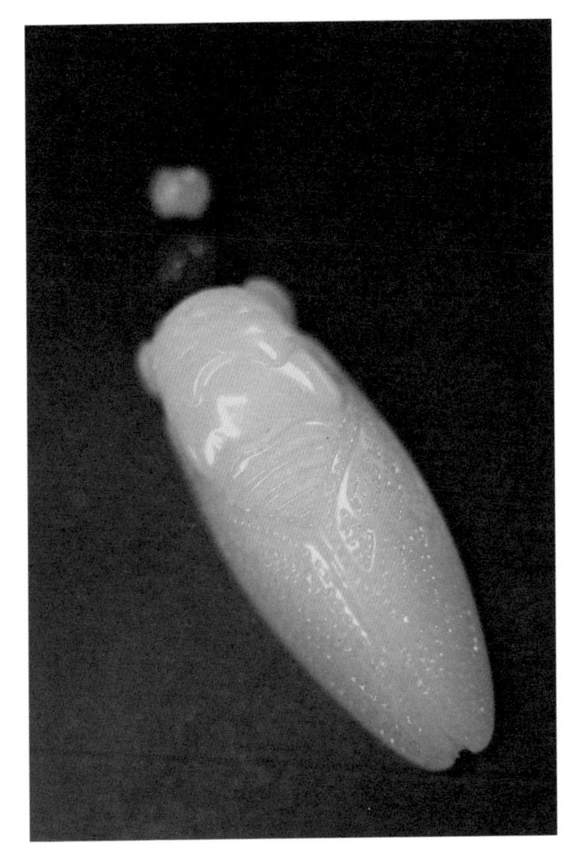

蝉文产品

蝴蝶

——不是鸳鸯也戏水

温泉与蝴蝶的邂逅

儿童急走追黄蝶，飞入菜花无处寻。草丛中灵动的蝴蝶是最能吸引小朋友注意力的，更何况它不只好看，飞起来还是那么慢悠悠。孩子们也不知道为什么要抓，可能就是一种追求美的原始本能。蝴蝶是自然界中最常见的一种昆虫，但它们的魅力却一次又一次地令人倾倒。从中国到东南亚，到南美，我到很多地方进行过蝴蝶调查，无论在哪一个地方，我最期待的都是与各种各样蝴蝶的邂逅，它们就像森林里活泼的精灵，主动出来和我们打招呼。实际上，蝴蝶还是非常重要的生态指示生物，每次看到它们，我就知道我来到了一个很棒的地方。最令我震撼的一个场景，是在马来西亚的一个森林酒店中。这是一户当地人家盖起来的木屋房，他们在这里生活，也给偶尔来的客人提供休息的地方。虽然住宿条件一般，但是这里有天然温泉，温泉水就从山体上的泥土中流出来。而在这些溪流上，竟然有数百只非常独特而漂亮的蝴蝶，一群一群地聚集在一起，边扑扇着翅膀边喝水。它们是马来西亚的国蝶——红颈鸟翼凤蝶，硕大的体型加上漆黑的翅膀，十分引人注目。但这些鸟翼凤蝶也很警惕，人一旦靠近，它们就四散而逃，瞬间像一朵花一样绽放开来。

我们还发现了一个有趣的现象，鸟翼凤蝶在喝水的同时，竟然也在尿尿！而且就尿在原地！这并非它们不讲卫生，实际上，它们喝温泉水的目的并不是补充水分。温泉水含有大量的矿物质，鸟翼凤蝶需要这些矿物质来补充能量，就像是刚运动完的人一样。但它们又不能把自己喝成一个水桶，所以它们把自己变成了一个过滤器，不断地吸、排温泉水，既能够获取矿物质，又能控制好体重免得飞不起来。真是有趣的方式。

红颈鸟翼凤蝶

努力地吃与不被吃

蝴蝶的美并非一蹴而就，而是需要漫长且困难的积累。它们从小到大，会经过卵、幼虫、蛹、成虫 4 个阶段，这 4 个阶段的轮回，便是昆虫的生活史。我们俗称的蝴蝶，通常指的是成虫阶段。而对大多数蝴蝶来说，成虫阶段只是它们一生中最短暂的一个时期，为了这份短暂的美丽，它们从一开始就在努力地拼搏着。

从卵的角度就可以发现蝴蝶妈妈的苦心。蝴蝶小时候主要取食植物叶子，并且大部分都比较挑食，为此，蝴蝶妈妈在产卵的时候，就得精准找到孩子爱吃的食物，把卵产在植物最嫩的叶片上，因为刚出生的蝴蝶宝宝太小，啃不动老叶子。与此同时，为了避免自己的孩子们相互争抢，它在一片叶子上只会产一枚卵，相互之间还得间隔几个枝条。就这样，从孵化开始，它们便可以在一个没有竞争的环境下自由生长。

孵化的幼虫，从小到大会经历 5 次蜕皮，蝴蝶幼虫全身是软的，但是它的头部有个坚硬的壳保护着，这个壳也限制了它的发育，它必须通过蜕皮的方式，让自己的身体有长大的空间。从最初孵化的 1 龄幼虫，每次蜕皮增加 1 龄，到最后的 6 龄幼虫，它的体重可以增加 5 000 倍！人类的孩子出生的时候平均是 3 千克，如果按这个比例增长，那么我们在即将成年的时候，会有一辆加长公交车那么重！所以对蝴蝶幼虫来说，它只有一个任务——拼命地吃！除了吃，就是睡觉保持体力，它们既不会乱跑，也不会有多余的爱好，甚至连打架的能力都微乎其微，也因此，它们成了很多捕食者的目标。打架这条路行不通，蝴蝶幼虫们会通过其他方式来保护自己。

方法一：保护色。大多数蝴蝶幼虫身体的颜色，都跟它生活的环境非常相似，要么是树叶上的绿色，要么是树枝上的褐色，这种便是保护色。

方法二：拟态。拟态是指一种生物模拟另一种生物或者模拟环境中的其他物体从而获得好处的现象，简单点说就是伪装。拟态行为在蝴蝶幼虫中非常常见，而且有许多有趣的拟态。例如我们在普洱找到的点叉蛱蝶幼虫，这是一种极罕见的蝴蝶，不仔细看很容易以为是动物粪便，而且是食草动物没有消化完全的粪便。它平时还会把自己卷起来，碰到它之后还会释放一股难闻的气味，这种拟态确实可以“劝退”不少捕食者。而金斑蝶的幼虫在头和尾各生长了两根凸起的须，成虫则头尾大小相近、形状相似，全身环状条纹分布。在这种情况下，不了解它的完全无法分辨出哪边是头，哪边是尾，这便是它的自拟态。很多捕食者会倾向于优先攻击猎物的头部，但面对自拟态的金斑蝶幼虫，如果选错方向攻击了尾巴，那金斑蝶的生存机会就会大大提高，逃脱之后即使受伤也不用担心。

方法三：毒素。如果实在躲不过，总要被发现被吃掉，那就干脆让自己变得不好吃！丝带凤蝶的幼虫就是如此，黑底黄斑的配色，在绿叶中十分显眼，这便是警戒色，显眼并且预示着危险的颜色。但它可不是好惹的，它的体内储存着来自它的食物——北马兜铃的毒素，这些毒素对许多小动物来说是很不友善的，吃过一次的绝对不想再吃一次，丝带凤蝶幼虫虽然牺牲了自己，但保护了兄弟姐妹。有趣的是，植物的毒素原本是用来防虫的，可是机灵的丝带凤蝶幼虫不仅不怕，反而将其转化成了自己的武器。

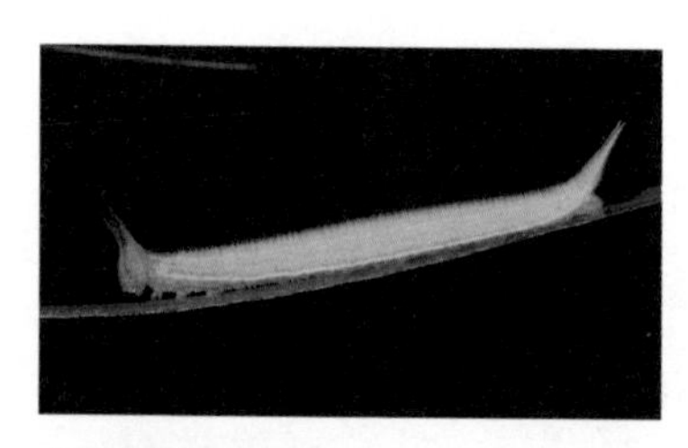

（1）蝴蝶幼虫的保护色

（2）丝带凤蝶幼虫的警戒色

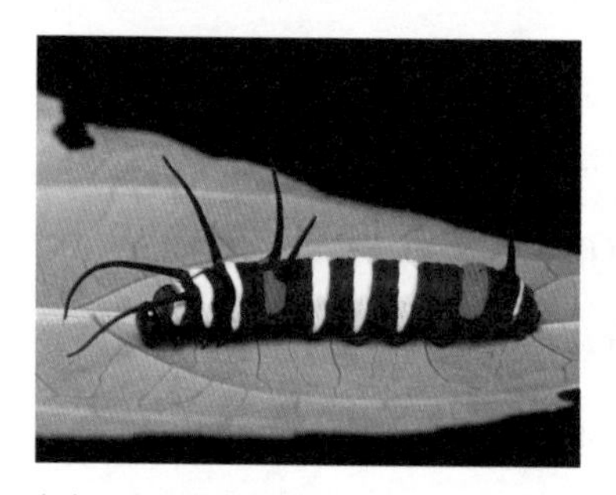

（3）头尾自拟态的斑蝶幼虫

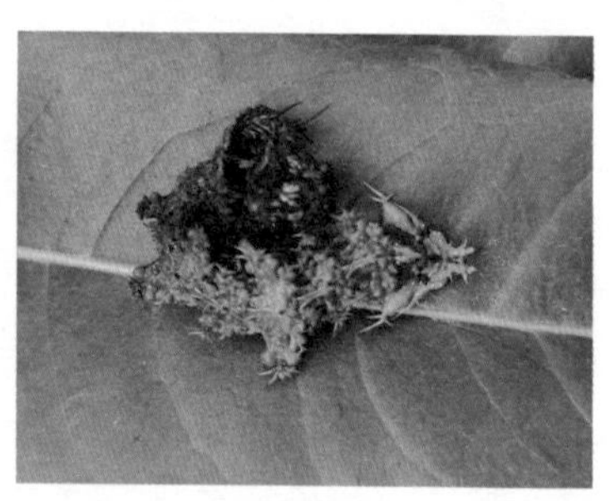

（4）拟态粪便的点叉蛱蝶幼虫

蝴蝶幼虫的保护措施

以丝自固，羽化成蝶

蝴蝶幼虫几乎是一个特化的食草机器，一切都是为了能吃得更多，但是会吃并不能成为厉害的生存之道，也不能带来种群的繁荣，最终还是需要有繁衍的步骤。如果“这辈子”不行，那“下辈子”呢？蝴蝶正是如此！在幼虫的最后一刻，它将迎来堪比重生的一次改变——化蛹。

以凤蝶幼虫为例，首先，蝴蝶幼虫会找到一个安全的地方，吐出一坨丝线，然后用腹部末端的臀足抓住这团丝，再在身体三分之一的位置，吐出几根丝把自己固定住，然后弓起身子，进入一个准备阶段——预蛹。大约一天之后，它会把这个毛毛虫外表的皮蜕去，变成真正的蝶蛹。由于丝的作用，此时的蝴蝶即使没有腿，也能稳稳地待在树枝上，而那些环绕身体的丝，此时处于脖子的位置，像是上吊自缢，因此这种蛹被称为缢蛹。此时的蝴蝶，外表波澜不惊，但是在内部却发生着翻天覆地的变化。它的整个身体，除了头部的一小块区域，其他地方会完全溶解，重新构造出一副肢体来，抛弃了原本的一切，才有机会化成飞上天空的蝴蝶。

蛹期的蝴蝶不吃也不排泄，不太受环境的影响，因此它们常常选择以蛹的形态来度过冬天；但同时它们也非常弱小，没有任何自保能力，在其他季节蝴蝶并不会在这个阶段保持太久。如果透过蛹壳能看见蝴蝶翅膀的花纹，就说明它们的重生非常顺利，很快就要羽化了。

通过蛹壳上预留好的缝隙，蝴蝶可以轻松打开外壳钻出来，这时它的翅膀还是压缩的，接下来它需要抓住一根树枝，把自己肚子中的体液挤到翅膀的脉络中去，只见原本皱皱的翅膀，慢慢地平展、撑大，仿佛吹气球一般。破蛹而出，展翅成蝶，这个阶段很快，通常不会超过两个小时。一方面，这时候的蝴蝶，既美丽，又脆弱，早点羽化才有逃跑的资格；另一方面，它们已经等待了太久，迫不及待要飞上天空。

飞上天的蝴蝶要干什么？享受自由？轻抚微风？都不是，其实这时候它们的任务，是繁衍。它们开始四处寻觅，偶尔停饮花蜜也是为了补充体力。双栖双飞的蝴蝶也成了爱情最美好的象征。

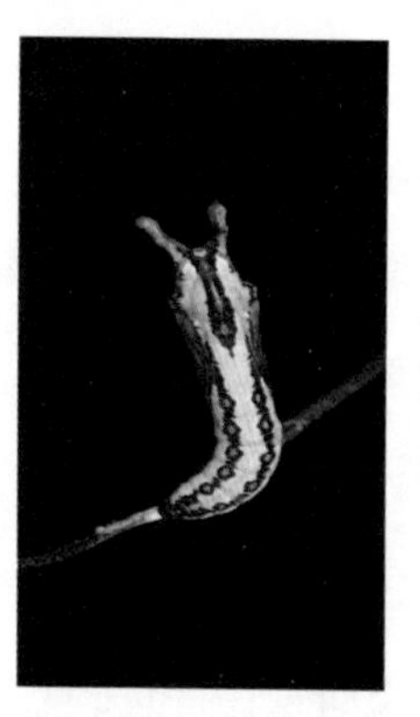

蝴蝶的蛹

双双化蝶翩翩舞

梁山伯与祝英台是中国古代民间著名的爱情故事。祝英台女扮男装求学，与梁山伯相遇相知，可惜两人最终无法成婚，梁山伯相思成疾，郁郁而终；随后，祝英台在成婚路上前往梁山伯墓前祭拜，一时间狂风骤雨、电闪雷鸣，梁山伯坟墓骤然裂开，祝英台不顾一切跃入其中，墓室闭合；片刻之后，风雨停歇，彩虹高悬，墓中飞出两只蝴蝶，自由自在翩跹起舞。或许梁祝的故事有许多版本，但最后他们都会羽化成蝶，双宿双飞，这其中寄托了古代文人对美好爱情的追求和对蝴蝶自由飞翔的向往。

蝴蝶确实有双双飞行的习性，但是也分情况，如果两只蝴蝶缓慢地在一小片区域，优哉地飞，绕来绕去，那可能是它们在进行求偶仪式；但如果两只蝴蝶像是你追我赶地快速飞过，那它们可能是在打架。大型蝴蝶有比较明显的领地行为，雄性蝴蝶会占据一片区域，对于进入该区域的雌蝶，它们会想办法博得对方的芳心，但对于进入该区域的雄蝶或者是其他种类的蝴蝶，它们就会进行驱赶。当然，这并不影响人们把蝴蝶视为爱情的象征，因为它们交配一次就可以产卵，而产完卵之后它们也就完成了自己的使命，也就是一吻定终身。而且蝴蝶有许多种类，雌性与雄性是既相像又有所区别，可谓佳偶天成。根据考究，梁祝故事的发生地在浙江省，而在浙江省分布的蝴蝶之中，有一种非常符合梁祝故事的描述，那就是玉带凤蝶。

玉带凤蝶的雄蝶，背面主体黑色，白色的斑点组合成带，得名玉带凤蝶。而玉带凤蝶的雌蝶斑纹差异较大，最常见的有两种形态，玉斑型和玉带型。它们背面同样是黑色主色加白色斑点，此外还有红色斑点分布在后翅边缘。玉斑型的白色斑点聚集成一个大白斑，玉带型的白色斑点则分布成带。这么看来，颇有祝英台女扮男装的风采。当然对蝴蝶来说，这只是一个色型的变化，并不是一个扮相。

（1）玉带凤蝶雌雄玉斑型　　（2）玉带凤蝶雄性

玉带凤蝶

许多时候我们对蝴蝶的观察是片面的：我们只看到它的成虫悠然自在，忽略了它的幼虫在叶间的生死博弈；我们看到了蝴蝶双宿双飞，却忽略了它们可能是在打架。我们无法确定古人眼中的蝴蝶是怎么飞的，我们只知道在他们眼中蝴蝶象征着爱情，象征着蜕变。那我们现在看到蝴蝶象征什么呢——绿水青山。蝴蝶的幼虫是挑食的，一个地方的蝴蝶种类越多，这里的植物也越多，环境越好，因此现在蝴蝶是生态监测的重要指标。我们追求美，但也要保护美，就像蝴蝶幼虫历经磨难终将迎来灿烂的新生一样，每一个善良的举动，都是为更美好的未来在做铺垫。

专题
以小见大的昆虫成语

如果说汉字是中华文化五千年的精华，那么成语就是汉字在三千年之中的高度浓缩。寥寥几字，诉说故事，蕴含道理。

中国古人善于对自然进行观察与总结，而昆虫作为自然界中最常见的生物，它们当然不会缺席。在众多的昆虫成语中，有直接描述现象的，有以虫喻人的，甚至有蕴含哲学思考的。可见，小虫非小虫，短语非短语。而在这些我们习以为常的昆虫成语背后，又隐藏了什么样的自然科学故事呢？

螟蛉有子，蜾蠃负之

本义：螟蛉与蜾蠃是两种不同的昆虫，蜾蠃会将螟蛉背起来抓走，再将其“养”成自己的样子。

喻义：比喻无亲无故的养育关系，“螟蛉之子”常用来比喻养子。

最早的成语可追溯到《诗经》。《诗经》中有许多昆虫的身影：从堂前蟋蟀，到田间草虫（螽斯）；从盛夏鸣蜩（蝉），到深夜宵行（萤火虫）；甚至有用来形容女子美貌的“领如蝤蛴”“螓首蛾眉”。而《诗经》中也有许多有意思的昆虫现象的描述。

“螟蛉有子，蜾蠃负之”，出自《诗经·小雅·小宛》，这句话里提到了两种昆虫，螟蛉就是俗称的毛毛虫类，蜾蠃（guǒ luǒ）是一种蜂。这句话描述了一种有趣的昆虫行为，古人认为，蜾蠃自己不会生孩子，它们会偷螟蛉的孩子，也就是抓走毛毛虫，然后盖个房子照料这些毛虫，把它们养成了蜾蠃的样子。

当然这肯定不对，毛虫不可能长大变成蜾蠃，那到底是怎么一回事呢？

其实蜾蠃自己会产卵，而它们的孩子比较弱小不会捕猎，因此蜾蠃妈妈会抓一些毛毛虫，用作幼虫的食物。它们捕猎的时候，不会把毛虫杀死，而是对其进行深度麻醉，并把它们关在自己用泥土搭建的小房子中，同时在其中产卵。当蜾蠃的孩子从卵中孵化，就有丰盛的食物能吃到成年，而且有了土房的保护，几乎没有什么天敌。看来蜾蠃负子并不是什么温馨的家庭故事，但蜾蠃依旧称得上是一个尽责的妈妈。

蜾蠃巢

金蝉脱壳

本义： 蝉蜕变时，本体脱离外壳，展开翅膀逃走，剩下空的蝉蜕。

喻义： 制造或利用假象脱身，让对方无法及时发觉。

我们都知道，蝉是一种昆虫。昆虫与人类有很多不同点，其中最常提及的，就是它的“骨骼”。人类等脊椎动物，是骨骼支撑着皮肉，属于“肉包骨”，但昆虫、虾等节肢动物，它们身体最坚硬的部分在表面，里面则完全是软的，属于“骨包肉”。当然，这并不是真正的骨骼，是一层几丁质外壳，为小虫子们提供了非常好的防御。但与此同时，这层外骨骼并不能随着它们生长而长大，因此昆虫的每一次长大，都需要把这层外骨骼脱下，再长出一层新的，这个过程叫作“蜕皮”。昆虫一生要经历多次蜕皮，而当它们完成最后一次蜕皮时，它们会长出翅膀，获得飞翔的能力。

金蝉脱壳，指的便是这最后一次。蝉的幼虫在土里生活，等它们准备好，就会爬到树上。古人观察到了这个动作，并且准确地描述了它们刚刚蜕皮时全身玉白的模样。待到旭日东升，金蝉已经远去，空留一个蝉蜕在树上。

然而，金蝉脱壳本身是一个漫长的过程，绝大多数的蝉都会选择在晚上蜕皮，那么这个金蝉脱壳，到底算不算好的逃脱技能呢？

金蝉脱壳

飞蛾扑火

本义：飞蛾扑到火中去，自取灭亡。

喻义：形容明明知道有危险，还是为了一点利益不管不顾，主要是贬义。

飞蛾扑火是一个普遍现象，它们本能地朝着有光线的地方飞，无论是烛火还是电灯，我们称之为“趋光性”。而利用昆虫趋光的原理，我们可以使用灯诱装置，在夜晚守株待兔，等待昆虫自投罗网。

但为什么飞蛾具有趋光性呢？这与它们的导航系统有关。飞蛾是一类主要在夜间活动的昆虫，夜晚的光源很少，看不清环境，而当飞蛾要去往一个地方时，它们就需要一个准确的导航系统，也就是天空的星星或者月亮。以月亮为例，飞蛾在飞行的时候，会保持飞行方向与月亮方向形成一定角度，由于月亮离地球足够远，这个角度可以保证它们以直线飞行。因此，同类飞蛾可以在最短的时间内汇合并相亲。

然而，随着人类的进化，从火到灯，夜晚的光源越来越多了，飞蛾并没有办法判断哪个是它们导航的光源，如果选错了光源，由于光源离它们很近，它们稍微飞一点距离，光源的相对位置都会改变。因此在飞行过程中，它们为了保持一定的角度，就会不断调整，最终会呈现一个螺旋形的飞行轨迹，并且越来越靠近光源中心，也就变成了我们所看见的“趋光性”，甚至是“飞蛾扑火”。这就像是导航掉进了沟里，不是飞蛾不知道危险，而是它只相信自己的导航。

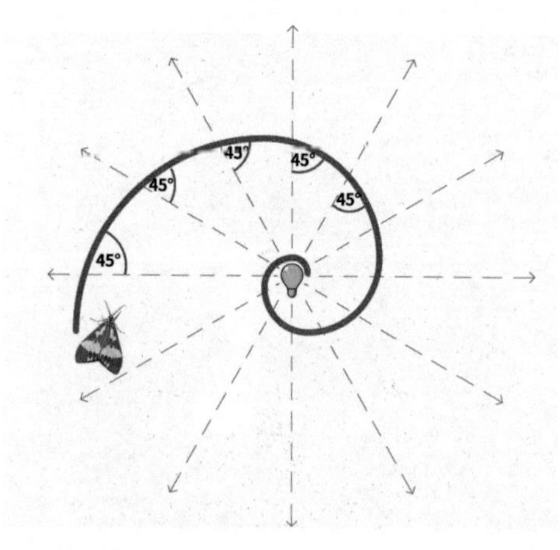

昆虫趋光原理

趋光性的动物，除了飞蛾，还有许多金头闭壳龟、锹甲等其他物种，也是类似的原因。有意思的是，有些猎手如螳螂，甚至是青蛙等，也会被灯光吸引，这是它们在演化过程中学习到的，灯光附近有食物，所以它们是非常有目的性地朝着光源来的。可见趋利避害是生物的本能。

灯诱

螳臂当车

本义： 螳螂举起前肢，试图阻挡行进的车子。

喻义： 比喻不能认清自己的能力，非要去做完不成的事情，必然失败，主要是贬义。

蝗螂是昆虫里的顶级猎手之一，它们有超强的动态视力、极快的攻击速度，还有专门为了捕捉食物而特化的前肢，大多数时候没有对手，但它们在面对一些体型更大的动物如鸟类、青蛙时，也是束手无策。螳螂是聪明的，当遇到比自己大的对手，它不会轻易攻击，也不会马上逃跑，而是将前肢举起来，甚至会把翅膀打开，这个姿态能让它看起来体型更大，而且更具有攻击性。有些时候这是管用的，这是它们的防御手段。

螳螂防御姿势

而对面行驶来的一辆车，在螳螂的眼里，也是一个体型比自己更大的对手，于是它同样举起双臂，试图吓唬对方，然而它的力量在车的面前显然是微不足道的。当然，随着车子的靠近，螳螂会在合适的时机逃跑，它并不会真的试图挡车。

从螳螂身上，我们只看到了它的自不量力，或许换个角度想想，我们会发现这是一种不惧强权的勇气，更是一种知难而退的智慧。

蚍蜉撼树

本义： 蚂蚁摇晃大树。

喻义： 力量很渺小，又想做大事，比喻自不量力。

蚂蚁是一类为人熟知的昆虫，它们个头很小，但数量很多，而且擅长合作，单只的蚂蚁很弱小，但一群蚂蚁往往会有出人意料的力量。蚂蚁实在是太小了，当它们在树干上爬行时，我们根本不会去讨论它们能不能把树推倒，因为答案是显而易见的，甚至不需要去思考和辩论。那么人类呢？人类之于天地，就如同蚂蚁之于大树，我们总觉得人类很强大，其实从某些角度看来，我们还是很渺小，我们花了很长时间积累文化、发展科技，但这在整个宇宙中是极其微不足道的。

我们也要知道，在自然界中蚂蚁有很多天敌，但似乎没有哪种天敌能在与蚂蚁的对抗中占据优势，无论对手多么强大，它们会前赴后继地进行抗争，直到将对手赶跑。人类也是如此，在科技与文明的最前沿，我们从不讨论完成一件事的可能性有多少，我们只知道我们需要去做，无论付出多大的代价。于是我们环游了世界，飞上了天空，踏足了月球，也将前往更深处的宇宙空间。

树上的蚂蚁

朝生暮死

本义：早上出生，晚上死亡。

喻义：形容生命的短暂。

朝生暮死这个词通常指的是蜉蝣，一种生于水边的昆虫。蜉蝣成虫寿命较短，最短的只有一天，早晨开始飞行，夜间就已经死亡，因此有了“朝生暮死”的说法。通常来说，成年的昆虫是发育最完善的时候，但蜉蝣成年之后只有一个任务——繁殖，它们能够飞行，能快速找到伴侣，能快速产卵，但它们的口器退化了，连吃饭都做不到。因此对于这样一个“生育机器”来说，它们并不打算在这个阶段保持太久，只要完成繁衍任务就行了，所以它们会把这个时间尽量地缩短，以减少被天敌猎杀的可能。

相比之下，蜉蝣的幼虫阶段要长得多，它们小时候会在水中生活 1~2 年，这可不是一朝一夕的时间。因此“朝生暮死”的蜉蝣，可能见过了不止一轮春夏秋冬。

在苏轼的《赤壁赋》中，也提到“寄蜉蝣于天地，渺沧海之一粟”，通过蜉蝣比喻天地广阔，人类渺小。蜉蝣这种小虫，真的是在时间尺度和空间尺度上都十分不起眼，但你知道吗，就是这么不起眼的昆虫，在地球上已经生活了至少 1.8 亿年。我们觉得它们渺小，或许它们还觉得人类太过年轻呢。

蜉蝣

庄周梦蝶

原文：昔者庄周梦为胡蝶，栩栩然胡蝶也，自喻适志与，不知周也。俄然觉，则蘧蘧然周也。不知周之梦为胡蝶与，胡蝶之梦为周与？周与胡蝶，则必有分矣。此之谓物化。

释义：庄周梦见自己变成了蝴蝶，悠然自得地飞舞，完全忘记了庄周。当他醒来后，发现自己就是庄周，但是却不知道，是庄周梦见自己成了蝴蝶，还是蝴蝶梦见自己成了庄周呢？庄周和蝴蝶必定是有所分别的。这种转变就叫作物化。

喻义：比喻虚实交错，变幻无常。

这是在中国古代一个非常著名的成语故事，直到现在还有许多人在讨论故事背后的含义。从表面上看，这好像是一个搞怪的故事，庄周仿佛半梦半醒的疯子；但随着对故事的剖析，结合对《庄子》其他文章的理解，会发现这个故事蕴含了庄子的道家哲学思想。它所讨论的，不是梦的问题，而是更深的层面。

第一，生死层面的讨论。为什么选择蝴蝶呢？因为蝴蝶本身也是经历了巨大变化的，毛毛虫需要经过一个“深度睡眠”的阶段后，才能变成翩翩起舞的蝴蝶。那人在进入了一个“深度睡眠”阶段后，会变成什么呢？蝴蝶与毛虫是交替存在的，蝴蝶与庄周是相互做梦的，而现实与虚幻，生与死，或许也是交替的。它们可能没有那么可怕，只是换了一种存在方式而已。

第二，自然层面的讨论。道家思想非常重视天人合一，这是非常有进步性的。庄子认为，人之于自然，与蝴蝶之于自然是一样的，人类创造了城市、律法、工具，其实从一定角度上背离了自然，但随着我们的思考，我们会发现人与自然是一体的。

第三，意识层面的讨论。当庄周做梦时，他发现自己是一只蝴蝶，但他并没有怀疑，于是他以蝴蝶的方式飞行、玩耍。当梦境结束时，庄周不会飞了，却会以人的角度来思考、说话。这其中隐喻了“意识决定存在”的唯心主义思想。

一只小小的蝴蝶，从毛虫蜕变而来，逍遥飞舞于天地之间；一个简单的人，从婴幼儿成长而来，思考天地万物的关系。我们不对其哲学思想做太深入的讨论，但这种似梦非梦，真实与虚幻的关系，其实是人与自然关系最好的写照，相辅相成，密不可分。

本节只是列举了比较常见的昆虫成语，实际上远不止这些。许多昆虫成语反映了古人对自然观察的片面性，有很多错误的知识点，但成语本身暗藏道理，可见，昆虫只是作为一个观察的对象，作为一个描述的载体，其背后体现的是人对自然的观察与思考。小到昆虫，大到天地，我们需要学习的东西还有很多。

专题
居家昆虫要有好名字

古代的房子大多是平房，也没有明显的城乡之分，人与自然的接触十分密切。而房子为人类提供庇护的同时，也给许多小虫子提供了很好的生活环境，遮风挡雨，吃喝不愁。这其中包括了我们讨厌的“四害”，也有一些相对友好的“邻居”。

螽斯——纺织娘

这是一种直翅目的昆虫，它们的翅膀翅脉笔直，如同纸扇，因而得名。直翅目昆虫家族包括了我们熟知的蚂蚱、蝗虫、蛐蛐、蝼蛄（拉拉蛄）以及本节的主角，螽斯。直翅目的许多昆虫都有鸣叫的本领，蝗虫会用后足摩擦翅膀发声，而蛐蛐和螽斯则会通过翅膀摩擦发声。它们的秘诀是两片翅膀上分别具有“音梳”和“音刮”的不同结构，当翅膀进行摩擦时，音刮在音梳上刮动，产生的高频振动便是它们的声音，如同吉他拨弦一般。蛐蛐声如其名，通常是以“蛐蛐～蛐蛐～蛐蛐”的频率鸣叫。而螽斯的声音则更为持久响亮，在鸣叫前奏会发出“轧织（gá zhī）～轧织”的声响，犹如木制纺织机旋转时木头相互摩擦的声音。比起蝉喜欢在白天放声高唱，螽斯更愿意打破夜晚的宁静，犹如勤劳的姑娘，不顾夜色低垂，忘我地纺线织衣，纺织娘的名号因此而得。当然螽斯本身与纺织没有任何关系，它不过是想在安静的夜晚寻得佳偶。

纺织娘

直翅目昆虫的翅膀

蚰蜒——钱串子

蚰蜒是一种节肢动物门唇足纲的小虫子，它和蜈蚣的亲缘关系比较近，不属于昆虫，在家中很常见。它们长着十分吓人的外表：一眼数不尽的腿，又细又长；飞檐走壁如履平地；跑起来速度极快，喜欢钻到犄角旮旯之中。这些特点，让它成为一个妥妥的恐怖杀手形象，若是不了解的人，常常会被它吓一跳。蚰蜒确实是个杀手，但它是苍蝇、蚊子和蟑螂的杀手，并不会对人造成伤害，相反，它是为我们保卫家园的武士。蚰蜒不是昆虫，没有翅膀，因此它们需要更快的速度才能追逐猎物，而它的长足也保证了猎物无法逃跑。此外，它与蜈蚣一样，有着一对毒牙，这也是用来消灭害虫的。在长时间的接触中，人类发现了它的善良本意，便不再驱赶。与此同时，当静下心来观察，人们发现它背上有一排圆环状的金色斑点，好似一串铜钱，因此给它一个“钱串子”的美名，期待着它能够辟邪消灾，为自己家里带来财富。

蚰蜒

驼螽——灶马

这也是一种直翅目的昆虫，是一种螽斯，但它比较特殊，它不会“轧织轧织”叫，而且它的背部大幅度弯曲，看起来就像个驼背的小人，因此得名驼螽。驼螽喜欢温暖环境，在农村的泥土房子中，它们最常在厨房出现，特别是烧火做饭的灶台边，躲在一个墙角或是砖瓦缝隙间休息。它们对食物也不挑剔，厨房中散落的剩菜叶便足够了。它的出现倒没有引起许多人的反感，毕竟看起来比老鼠和蟑螂和善多了。

火是人类生活的根本，但同时，一不小心也会成为吞噬一切的恶魔，炉灶则是每家每户与火接触最密切的地方。人们既需要火，也害怕火，因此，人们在厨房中供奉灶王爷，祈求炉火兴旺，家人平安。而灶王爷作为天上神仙，每年也需要“上天”禀报公务，上天的时间便是腊月二十三——小年。那灶王爷怎么上天呢？作为法力高强的神仙，须有一个专属的仙兽坐骑，而在灶王爷边上，日日夜夜陪伴他的，好像就是这个驼螽了，再仔细一想，这个驼螽的“驼背”，岂不是刚好用于乘坐。因此人们认为，驼螽就是灶王爷的专属坐骑，于是为它起名灶马。加上了这重身份，灶马就更加受人喜爱了。

灶马

第二章

从规律到习俗

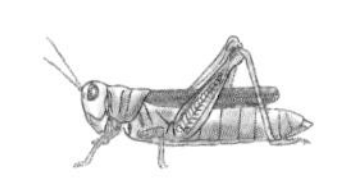

飞蝗入侵

——天灾下的妥协与反抗

蝗虫草上飞，猎手身后追

毫不夸张地说，每一个爱上自然的童年，都是从抓蚂蚱开始的。

草丛里忽闪飞过的小虫，对一个爱玩的少年来说，有着无比的吸引力。这种时候，我们需要化身专业猎手，充分调动自己的身体，蹑手蹑脚地行进，同时保持着对前方草坪全方位的监视，不放过任何的异样与异响，只要它再有动作，天生的猎手本能就可以将其锁定，接下来，就是一场你追我赶的狩猎行动了。绝大部分时候，都是猎物被擒拿的结局，猎手绝不愿意空手而归，而猎物所能做的，就是利用自己的数量优势进行干扰：一片草丛中的蚂蚱此起彼伏，即使有一两个同伴被抓，对种群来说也无伤大雅。而一旦遇上一个三心二意的猎手，它们在这场游戏中还有可能全身而退。这种看似幼稚的捕猎游戏，实际上是猎手与猎物之间的生死博弈；看似以强压弱的不公平竞赛，其实也是大自然中最基本的捕猎法则。猎手有着天然的速度与力量优势，小小的蚂蚱无法正面抗衡，但它们也从未坐以待毙，而它们反抗的方式，是“生”——生育后代的生，也是生生不息的生。

抓蚂蚱这项“传统技能”，无论到了哪个地方都能派上用场。在非洲的马达加斯加岛，有一种非常漂亮的蝗虫，后翅是鲜艳的红色，或许是人们觉得红色代表魅惑，于是把它叫作魔鬼蝗虫。这种蝗虫在野外十分罕见，但我们在紧张的科考旅程中仍然十分偏心地寻找着它们，我们探寻着每一片草丛，却一无所获。直到一次夜探，我们原本并不抱有希望，因为绝大多数蝗虫都是白天出没，晚上要寻找它们更是难上加难，但就是在马达加斯加的夜晚，上百只魔鬼蝗虫成群排列在地上，如同整装待发的军队，它们利用夜色的掩护，集体进行高效的交配与繁殖，其中，雌性蝗虫成排地将腹部扎进土壤中产卵，非常壮观。可是当我们抓住一只魔鬼蝗虫却发现，它的腹部非常柔软，为了将卵产在安全的地下，它肯定废了不少力气，以致都没法逃跑了。

蚂蚱并不是指一种具体的虫子，而是我们对草丛里擅长跳跃的昆虫的统称，其他叫法还有蚱蜢、草蜢和蝗虫等。无论怎么变化，它们都有一个共同点：粗壮的后腿，这是它们擅长跳跃的法宝。蚂蚱的六条腿中，最后两条腿特化成了跳跃足，其股节（相当于人的大腿）非常粗大，有丰富的肌肉群，且股节和胫节（大腿和小腿）一直保持着弯曲的状态，做好了时刻跳远的准备，一旦有风吹草动，它便可蹦到数米远外，这个距离是它体长的50倍。

蝗虫的跳跃足

不讲究的话，蚂蚱都是一样的，通常指直翅目昆虫中蚱总科、蜢总科、蝗总科这几大类。但从昆虫学的角度看，其实又有着许多的差别。比如说，蚱蜢蚱蜢，但是蚱和蜢就是不同的两类。蚱通常是体型较小，生于土表、枯枝落叶中的小蚂蚱；而蜢则以它长长的马脸得名“马头蝗”。

当然，这实际上是昆虫学家们在给昆虫分类命名时借用了这些称呼，“蚂蚱”一词，足以让我们想起它们的模样。而在这么多的蚂蚱中，最令我们害怕的，当数蝗虫了。蝗虫通常指的是蝗总科下的昆虫，在蚂蚱这个大家族中，蝗虫的种类占了 90% 以上，包括我们最常见的飞蝗、稻蝗、负蝗等。它们主要啃食植物叶片，偶尔在田间破坏庄稼，令人生厌。平常来说，蝗虫不足为惧，除非它们组成浩浩荡荡的蝗虫大军。

素食大胃王的传承

蝗虫属于不完全变态发育的昆虫，从小到大经历卵、幼虫、成虫三个阶段。而它们小时候的样子与成虫没有明显差异，主要是翅膀没有发育成熟，因此蝗虫幼虫被称为“若虫”。从卵中孵化的那一刻起，蝗虫便会开始素食大胃王的一生。它们一生中的绝大多数时间，要么在进食，要么就是在进食的路上。一只蝗虫一天能吃下相当于自身体重的食物，如果换到人身上，一天上百斤的食物，再厉害的大胃王都会望而生畏，更何况蝗虫是每天都吃这么多。在日复一日地“暴饮暴食”之中，蝗虫会迎来总共五次的蜕皮，每一次都使得它的体型显著增大，这也意味着它会吃掉更多的食物。第五次蜕皮后，它会长出完整的两对翅膀，有了飞翔的本领，正式步入成年的行列，它们开始要为后代着想了。成年的蝗虫可以飞到更远的地方，寻找足够的食物以及配偶，而这时，翅膀将发挥另一个重要作用：交流。蝗虫的小腿上有一排小刺，整体呈锯状，平时能给它提供一些威慑力，而当它用这些刺快速地摩擦自己的翅膀时，便能发出“沙沙”的声响，这与拉小提琴有几分相似，虽然声音粗糙，但在“有情蝗”听来却是浪漫的歌声。终成眷属的蝗虫，怀上爱情的结晶，就该准备产卵了。别看它肚子软软的，在产卵时却能像地钻一样深入土中，把卵像播种一样深埋地下，让它们在大地的保护中，安逸沉眠，度过秋冬。

蝗虫产卵

旱极而蝗

产于土中的卵，躲避了绝大多数捕食者，但是一旦下雨，卵不会被淹死吗？当然不会，蝗虫卵有独特的防水机制，哪怕在水里一直泡着，也不受影响。而且，被水没过的虫卵，能感知水分并且改变自己的发育速度，避免在水中孵化出生。当水退去，土壤干燥，蝗虫宝宝便排着队，破土而出了。

那为什么旱极而蝗呢？第一年，水位低，蝗虫产卵比较深；第二年，水位高，第一年的虫卵无法孵化，同时其他的蝗虫继续产卵；第三年，水位下降，这时候，前两年的虫卵同时感知到了干旱，同时孵化。加上干旱年代的食物匮乏，蝗虫更容易聚集，形成虫群，因此在旱灾之后，往往很容易进一步产生蝗灾，祸不单行。

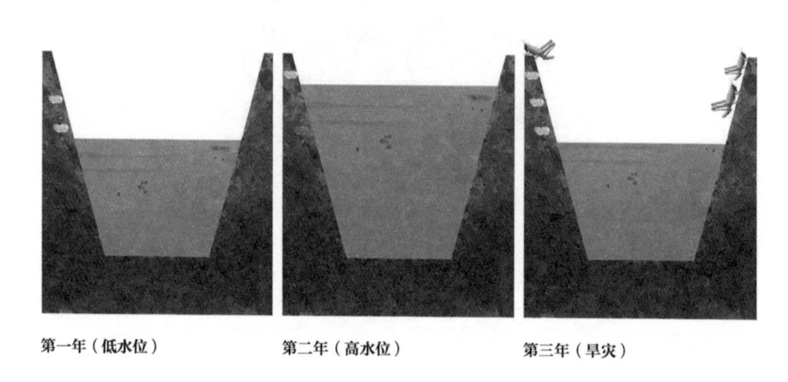

蝗虫与旱灾的关系

通常情况下，蝗虫各自生活，此时的它们相对温和，最多为害一方，不足为惧。但是在一些特定条件下，例如干旱，原本散居的蝗虫会形成群居状态：由于食物匮乏而密度增加，蝗虫们彼此间距离缩短，而在 4~5 只蝗虫聚集之后，它们便会自发地产生信息素——4-甲氧基苯乙烯（4VA）。4VA 含量的增加会吸引更多的蝗虫聚集，蝗虫密度的增加又会促进 4VA 的释放，由此形成了滚雪球般的正反馈效应，最终使得超大范围的蝗虫聚集形成了一个有序的集体。[①]

当然还有个有趣的说法，干旱的时候食物匮乏，蝗虫们开始自相残杀，只有不断地往前跑，才能不被吃掉，于是蝗虫大军就像是受到统一指挥一样，朝着大致相同的方向前进。

天灾来袭

蝗灾与水灾、旱灾并称中国三大灾害。从公元前 707 年至 1935 年的两千多年时间里，中国历史上有记载的蝗灾共发生了 804 次，平均每三年就会有一次严重的蝗灾暴发。在生产力落后的年代，蝗灾的出现极大地加重了农民的生活负担。文献中的蝗灾记载，也十分具有破坏力：

（1）晋孝怀帝永嘉四年（310）五月，大蝗，自幽、并、司、

① Guo, X., Yu, Q., Chen, D.et al..4-Vinylanisole is an aggregation pheromone in locusts. Nature (2020). https://doi.org/10.1038/s41586-020-2610-4

冀至于秦、雍，草木牛马毛鬣皆尽。

（2）唐德宗贞元元年（785）：夏，蝗，东自海，西尽河陇，群飞蔽天，旬日不息；所至，草木叶及畜毛靡有孑遗，饿殍枕道。

（3）1938 年，战争期间的国民党军队炸毁花园口黄河大堤，最终导致了蝗虫数量猛增，直至 1942 年河南大旱，蝗灾暴发引发著名的“河南大饥荒”事件，一年时间，共计饿死 300 万人。

（4）蝗虫并不偏爱中国，在非洲以及中东地区，沙漠蝗称霸一方。《圣经》中记载神降下“十灾”惩罚埃及法老王，这十灾之中就包括了蝗灾，遮天蔽日，吃尽草木。

凡此种种，不一而足。有意思的是，无论何时何地，蝗灾的发生似乎总是“祸不单行”，并且常常在人类生活区附近。实际上，大规模的蝗灾意味着生态系统的崩坏，而在早期的农业社会，人类对自然的过度索取非常容易导致生态失衡，或许蝗虫正是来自大自然的一种警告。

妥协与反抗

虫之皇者为蝗。从这一个字就可以看出古人对蝗虫的畏惧之心。

在古代的生产力条件下，蝗灾是人力无法抵抗的天灾，农民无力抵抗，要么求助当朝统治者，要么听天由命。可是即便是坐拥整个国家财富与军队的帝王，在蝗群面前也无可奈何。由此也引发了不同的抗蝗流派：祈求蝗虫之神口下留情的妥协派，跟随抗蝗英雄一起战斗的反抗派。

妥协派的典型代表，即八蜡庙。农民无法对抗蝗灾，选择向蝗虫进贡，逐渐演变成了对蝗虫的崇拜信仰。八蜡信仰始于西周，从一开始便是国家信仰，庙宇最为繁多，人们通过祭祀八蜡神，祈求神灵宽慰，不降天灾。用通俗点的说法，就是对蝗虫神的贿赂，希望收了贡品的蝗虫，不要毁坏庄稼。江苏丰县的"蚂蚱庙"，相传正是贿赂蝗虫神的成功案例。在近三千年的文化发展中，八蜡庙也有了不同的分支，但本质上都是妥协派，后来八蜡庙的没落，也预示着这种"听天由命"的方式并不可行。

人们每年耗费大量的粮食供奉，然而蝗灾依旧席卷，在不断挤压之下，反抗派不再忍让，举起大旗，反击蝗虫，其中最出名的便是"刘猛将军"。与八蜡神这种官方"正统神仙"不一样，"刘猛将军"其实是民间"散神"，清朝时才被"招安"，成为公认的"抗蝗天神"。虫王"刘猛将军"并非姓刘名猛，而是一位刘姓的勇猛将军，历史上被奉为此神的，都是有丰功伟绩、抵御外敌的民族英雄，如南宋抗金名将刘锜和他的弟弟刘锐。他们都曾被附上驱蝗保农的英勇事迹，而刘锜更是在死后被追封为执掌除蝗的扬威侯、天曹猛将之神。百姓们认为蝗虫过境犹如大军来袭，攻势凶猛不留情面，因此力推抗敌将军出面反抗，祈求以“刘猛将军”的天神之力压制蝗虫。有意思的是，在许多蝗灾重灾区，同时设有八蜡庙与刘猛将军庙，更有甚者，在山西原平市魏家庄有一座八蜡庙，又名虸蚄庙，其中同时供奉八蜡虫神与刘猛将军，同日祭祀，可见天下苦蝗灾久矣，妥协也好，反抗也罢，只要是能抵御蝗虫的天神，都祭祀一番。

反抗蝗虫的头等大事不能只依赖神明，百姓们也有其他手段来对抗，其中有一些渐渐演变成了独特的民族文化。在山西稷益庙的壁画中，有一幅极其精美的捕蝗图，图中两名红脸猛士押解着一只五花大绑的蝗虫游街示众。这只蝗虫足有半人大小，牙尖爪利甚是可怕；而在其周围则是各式百姓，都在为这场战争的胜利而喝彩。关于彝族火把节的起源，其中也有抗蝗的说法：相传天神与民间各有一大力士，相约比赛摔跤，天神力士见民间力士以铁饼作为粮食，害怕逃跑，不慎摔死；天神主神知道后很生气，派蝗虫大军下凡吃掉百姓粮食，此时民间力士率领民众将枯枝扎成火把，点火烧蝗；此后彝族人民便将其传承下来，发展成火把节。布依族蚂螂节也是民众抵抗蝗虫的智慧结晶：蝗灾来临之时，人们敲锣打鼓想震慑蝗虫，但不起作用，用石头砸飞蝗，却会损坏庄稼；后来有人提议用稻草扎结成球，稻田两端各站一人对打草球，成功赶走蝗虫，保住收成，由此相沿成俗，形成蚂螂节。之后，打蚂螂（即蝗虫）的习俗随着布依族迁徙，也逐渐发展成了更具娱乐性的体育活动。

对抗蝗虫还有一个更简单直接的方法——以其人之道，还治其人之身！蝗虫吃了我们的庄稼，那么我们就吃了它！看着好像开玩笑的话，实际上是蝗灾来临之时的无奈之举，徐光启的《农政全书》里记载："唐贞观元年，夏蝗，民蒸蝗，曝，飏去翅足而食之。"《资治通鉴》里也记录了唐太宗李世民生吃蝗虫的情形：贞观二年（628）时蝗灾肆虐，李世民十分生气，抓了一只蝗虫就想吃掉，说"我要把你五脏六腑吃了，不让你去吃百姓粮食"。哪怕大臣劝他说吃了会生病他也不怕。巧的是李世民吃完蝗虫之后，蝗虫就逐渐退去，没有泛滥。吃蝗虫的习惯在许多地方都有，但大多是烧烤或者油炸，生吞的方式确实不太卫生。现在我们能吃到的蝗虫，几乎全部来自蝗虫饲养场，更加好吃和卫生。近些年来我们已经很少见到蝗灾了，有人说是蝗虫不敢来，来了就会被 14 亿人吃掉。可是我们的邻国印度，人口同样众多，对待食物的包容心也更广，但是在 2020 年初仍然遭受了严重的蝗灾，可见吃并不是解决蝗灾的根本途径。其实在祖国大地上，科学家们早就筑造了隐形的防蝗围墙。散居的蝗虫其实不可怕，可怕的是蝗虫的聚集。针对蝗虫生活从小到大的各个阶段，我们都有相应的方法来遏制蝗灾的暴发，例如篝火诱杀、开沟陷杀、器具捕打、掘除蝗卵等；在一些容易暴发蝗灾的草原，有专门的牧鸡牧鸭，以家禽治蝗。但这些只能在小范围蝗灾初期起到作用，因此更重要的是我们全方位的蝗虫监测系统，实时监测蝗虫种群密度，提前做好应对措施。当然，我们也期待随着科学的进步，能找到更好的解决办法，例如利用蝗虫信息素4VA对蝗虫进行大规模诱杀，或者通过抑制信息素防止蝗虫聚集成群，等等。

蝗灾几乎陪伴整个人类农耕文明的发展历史，蝗灾也绝非妥协或者反抗就能治理，需要有科学理论的指导与实践，需要找到一个人与自然的平衡。每一个优秀的猎手都是从最简单的狩猎开始，或许曾经在草丛间抓蚂蚱的少年，最终能成长为对抗飞蝗天灾的砥柱之才呢。

促织

——斗小虫，升大官

城墙小虫

在砖瓦泥墙的胡同中，蟋蟀是除了苍蝇、蚊子外不多见的小动物之一，它们还总肆意地鸣叫，从而激起人们的好奇心。老一辈的昆虫学家讲，抓蟋蟀是他们孩童时最愉快的回忆。起初是看着别人在胡同里斗蟋蟀，也开始有样学样地寻找。到后来，大家都相信越野的地方蟋蟀战斗力越强，为了能抓到最厉害的蟋蟀，他们跑到古城墙边、跳进干涸的护城河里，甚至为了抓蟋蟀跋山涉水。精心寻找的蟋蟀也需要精心照料，舍不得吃的牛肉、鸡蛋，都得分点给它们。虽说付出了许多的辛苦，但只要能打赢一架，在胡同中就能“称霸一方”了。

马达加斯加岛上的居民抓蟋蟀则有更简单的目的——吃！当地有种花生大蟋，叫声响亮，平时躲在洞中不出来，依靠超级响的声音吸引同类。而且花生大蟋体型非常大，是普通蟋蟀的 3~4 倍，当地人捕捉蟋蟀，裹上面粉油炸，吃起来外酥里嫩，还富含蛋白质，这在肉类匮乏的马达加斯加岛是难得的美食。但这种蟋蟀不爱出洞，一有动静就钻进深处，而当地人则用特制的木片模拟蟋蟀的叫声，他们边走边甩动木片，不一会就有路旁的蟋蟀回应，趁蟋蟀靠近洞口时迅速捕捉。这种方式效率很高，半个小时就能收获十几只大蟋蟀。看来在吃货面前，摸透一只小虫子的规律简直易如反掌。

蛐蛐虫鸣

夏日的夜晚总是十分热闹，闷热的天气，此起彼伏的虫鸣，都为生活增添了一些躁动不安。这些昆虫是为夜晚而歌唱的精灵，往往在日薄西山时，就迫不及待地出来展现歌喉，仿佛是在抢夺舞台的中央，领唱夜间的合鸣。在这乐曲之中，有低声的长鸣持续伴奏如同大提琴，有高声的跃动拍打节奏如同三角铁，也有嘶哑的歌喉时不时地破坏了乐曲的美感。当然，对昆虫来说，每一款声音都是它们独特的信号，它们只唱给“对的虫”听。通常来说，复杂的乐曲更多地发生在自然中，一片草坪能带来风吹草动的沙沙声，一湾溪水能带来蛙声一片的呱呱叫。如果说其中最好听最明显的，定是那节奏鲜明、音高清脆的“唧唧～唧唧”声了。这是由蟋蟀发出的声音，它们也被形象地称为“蛐蛐”，在房前屋后的胡同中，都少不了它们的“声影”。蛐蛐非常神秘，每次叫起来，仿佛就在耳边，可是当你一靠近，它就停止了歌唱；好几只蟋蟀此起彼伏仿佛打着游击战，只闻其声，不见其虫。它们的声音为夏天带来了一丝清爽，伴着清风助人入眠。

为什么蟋蟀会出现在房子附近呢？最主要的原因，是蟋蟀本身对于食物和生活空间的要求低。蟋蟀个头很小，虽然有较好的跳跃能力，成虫还能飞，但它们平时不爱运动，也不需要有很大的活动空间，一块石头，一个墙缝，实在不行草根底下打个洞，就是它们的家；而且蟋蟀不挑食，随便一棵小杂草，就足以满足它们的胃口。而这两个条件，在房屋周围非常容易得到满足，甚至比野外更加舒适——房子有大量的石头、墙缝，为蟋蟀提供了绝佳的隐藏地点；而房子周围的草通常都不会长得太大，方便蟋蟀取食的同时，还不容易引入其他竞争者或者天敌。蟋蟀伴随着人类的生活已经很久了，在《诗经》的《国风·豳风·七月》中就提到“七月在野，八月在宇，九月在户，十月蟋蟀入我床下”，从夏到冬，随着天气变冷，蟋蟀会更加喜欢到房子之中。

作为一种昆虫，蟋蟀是没有喉咙来发出声音的，取而代之的，是翅膀上一个独特的发声器。翅膀是昆虫成熟的标志，成熟就意味着求偶与繁衍，蟋蟀正是通过翅膀来完成它求偶的呼声的。蟋蟀的四片翅膀，一对靠前靠上称前翅，一对靠后靠下称后翅；右前翅下方有一整排细微的突起，犹如梳子般整齐，称为音梳；左前翅对应位置有一个刮器，称为音刮。当两片翅膀相错摩擦，音刮在音梳上刮过去，就发出了悦耳的声音，这个发声原理与刮梳子是一样的。蟋蟀鸣叫的时候，翅膀的摩擦是有规律有节奏的，刮过去，刮回来，刚好是两声，因此大多数蟋蟀鸣叫起来都是“唧唧～唧唧”这样的节奏，音调高而清脆。当然，有的蟋蟀不讲究，花生大蟋通过快速而持续地摩擦翅膀发出震耳的声音，为的是让更远处的雌性听到自己的呼喊。

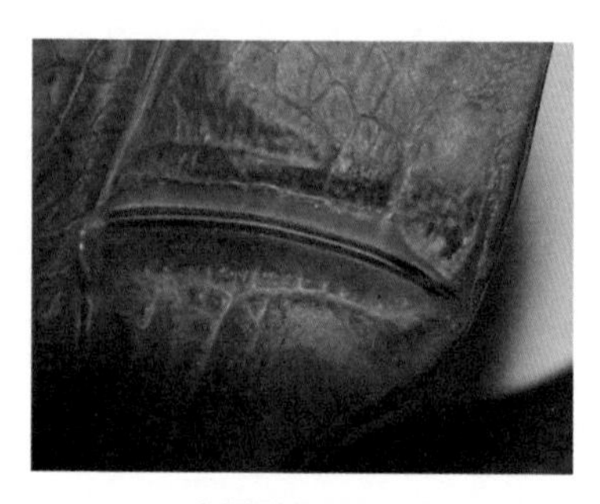

螽斯翅膀的音梳

刮梳子发声原理

黑脸将军

蟋蟀是直翅目昆虫，它们与蝗虫、螽斯亲缘关系较近，都有

（1）蟋蟀外形

（2）蟋蟀的大牙

（3）蟋蟀争斗

蟋蟀

着一对善于跳跃的后足。而由于生活环境和习性的差异，整体形态也有了区别。蟋蟀多在夜间活动，它们的体色以黑色为主，更容易隐藏在黑夜中；体形较扁，方便在石缝中生存。为了相互沟通，它们选择通过鸣叫来找到同类。蟋蟀有了这些善于在黑夜中活动的优势，但代价是视力变差，于是乎蟋蟀又通过长长的触角来感知环境中的风险。整体看起来，蟋蟀黝黑的颜色，辅以两根触角，颇像京剧中的武生扮相，触角犹如大将的雉翎，因此蟋蟀也有“将军虫”的叫法。当然可能更重要的，是它们好斗的习性。一些种类的蟋蟀，具有十分威风的大牙齿，作为吃素的昆虫，这对大牙显然是多余的。事实上，这是它们打架的武器。对于雄性蟋蟀来说，成年之后最重要的任务是完成繁衍，它们会通过振翅鸣叫来向雌性分享自己的位置，但当两只雄性蟋蟀离得太近，争斗就在所难免了。别看它们个头小，在面对交配权这样的大事时，打起架来都是殊死一搏，两只蟋蟀利用大牙啃咬对方，打急了还会“振翅高鸣”给自己鼓气，几个回合下来，非死即伤，成王败寇。

葫芦小虫

人的内心深处，总是喜欢自然、向往自然的，如果无法生活在自然中，那就把自然请到家里，那么这些鸣声悦耳的小虫，好养不占地，自然就是最佳选择了。自古以来就有人将这些虫采回家饲养，每天就为了听这虫声合鸣。养虫的容器，材质从竹篾到红木到牛角，样式从笼到罐到管，颇有讲究。其中流传最广、最好的容器，是虫葫芦。好的虫葫芦十分讲究，要的是天然长成的葫芦，葫芦的肚是鸣虫生活的地方，葫芦中部收缩的地方称为脖，而再往上又扩大的地方称为翻，虫葫芦妙就妙在这三个地方，圆圆的肚在虫鸣时能发生共鸣，而脖和翻则形成了一个天然的扩音器，小小的虫放在葫芦里，能叫得更加响亮好听。此外，懂行的人还会去修理翅膀上的音梳结构，让这虫子的叫声更加好听有特色。养虫时，葫芦之上还有个盖，这又是一番身份的象征。行家一出手，一方面看葫芦，一方面听虫响，好葫芦配好虫，慢慢地也形成了独特的鸣虫文化。

常说的鸣虫，主要包括三类，蝈蝈、蛐蛐和油葫芦。蝈蝈属于直翅目的螽斯科，蛐蛐和油葫芦属于直翅目的蟋蟀科。蝈蝈体型更大，以绿色为主，白天活动。蛐蛐和油葫芦体型较小，以黑色为主，晚上活动。其中蛐蛐刚孵化时呈白色，又称白虫，油葫芦孵化时呈黑色，又称黑虫。饲养这三种鸣虫的虫葫芦也有区别，不同的虫配不同的葫芦，都是规矩。其中蝈蝈是最常接触到的鸣虫，个头大，寿命长，叫声响亮，关键是不打扰晚上休息。现在还有人抓着卖，装在竹笼里，喂点胡萝卜就可以陪伴孩子一个愉快的夏天。

斗蟋蟀

如果说听蟋蟀鸣叫是文人雅客的乐趣，那斗蟋蟀便是一项老少皆宜的“武力比拼”了。相比一只蟋蟀的独鸣，两只蟋蟀在斗盆之中，顶、踢、咬、鸣一番争斗，饱含着激情，而且生死难料。看似一场小小的娱乐游戏，对盆中蟋蟀来说却是生死之战，对盆边之人来说也是胜负之争。

斗蟋蟀在中国史书中有着诸多记载，斗虫也不分阶级，从市井小民到达官贵人，甚至连皇帝都喜欢。

南宋蟋蟀宰相贾似道，任重要职务却不关心国事，整日斗蟋蟀玩耍，之后南宋灭亡，贾似道难辞其咎，落得千古骂名，而“蟋蟀宰相”也成了形容他的贬义词。有意思的是，贾似道不谙国事，在斗蟋蟀上却颇有建树，他撰写了世界上第一部关于蟋蟀的著作——《促织经》，此书也堪称中国昆虫学研究的第一书。

明朝也出了位“蟋蟀皇帝”，明宣宗朱瞻基。其实明宣宗并非昏君，但作为统治者的他，对蟋蟀的喜爱过于高调，使得斗蟋蟀一事成了一种国家活动。自上而下的官员，为了讨好皇帝，纷纷开始斗蛐蛐，甚至还专门征收蟋蟀，有的人为了进贡一只小虫而倾家荡产，而有的人却仅仅因为抓到了一只小虫而升官发财。蒲松龄在《促织》一文中记有“独是成氏子以蠹贫，以促织富，裘马扬扬”，记录下了这个独特而荒诞的蟋蟀年代。

北京城作为千年古都，斗蛐蛐也是城中最常见的娱乐活动。民间的斗虫更为热闹和谐，虫子都是自己抓的，赌资也只是些瓜果糕点，赢了就分与看客共享，其乐融融。

斗虫不只斗，不只是虫斗

斗蟋蟀的乐趣，“斗”其实只是其中的一个方面，“抓”和“养”也是非常重要的环节，而随着斗虫的发展，每一项都有非常多的经验传承和讲究。

先说“抓”，蟋蟀善于藏匿，要寻到一只善斗的非常不易，有人信风水找宝地，有人辨声音寻强虫。当然，蟋蟀的打斗能力是基因、食物等产生的个体差异，但有一点是确定的，蟋蟀种类不同，打斗能力也不同。白虫黑虫是最常见的斗蟋，而有“黑脸将军”之称的墨蛉则最为善斗。

再说“养”，这是最讲究的环节。养虫的人相信，蟋蟀养得好，战斗力才强。为了养好小小的蟋蟀，发展出了一整套各式各样的虫具。饲养蟋蟀的盒子为蛐蛐罐，在其中要放上专门定制的食盆、水盆。野生蟋蟀通常吃嫩草嫩叶，但养主为了让蟋蟀营养更好，会辅以多种食材，米粉、血粉、肝粉、鱼粉，按比例调配拌匀，再和水喂食，时不时可以补充点小虫小肉，更有甚者喂鲍鱼、海参。喝水也有学问，讲究的人要喂清晨的荷叶露水，把蟋蟀当神仙养。此外，蛐蛐罐中还要有遮蔽物让它躲藏，每天按规律喂食喂水，还得保证有晒太阳的时间。甚至蟋蟀还有专门的铲屎器，这发明可比猫砂铲早了一千年。

最后说这最关键的“斗”，那可不是两只蟋蟀扔下去打架就行了，有严格的规矩，得一步一步来。首先是称重配对。别看蟋蟀看着大小差不多，它们打架也得分重量级。然后要给它们美餐一顿，吃饱了才有力气打架。之后将两只蟋蟀放入同一个斗盆中，斗盆中间有一块不透光的板子挡着，等两只蟋蟀各自适应了斗盆的环境，再取出这块板子开战。如果两只蟋蟀斗志不高，则需要取一根硬毛，挑拨蟋蟀的触角以激怒它，几次试探后，两只蟋蟀就会觉得是对方在挑衅，开始搏斗。蟋蟀的争斗过程不能受到人为干预，通常败者都会受伤，而它们没有自我恢复的能力，只得将其抛弃。当然也有为败虫感到惋惜，从而行厚葬的传说。

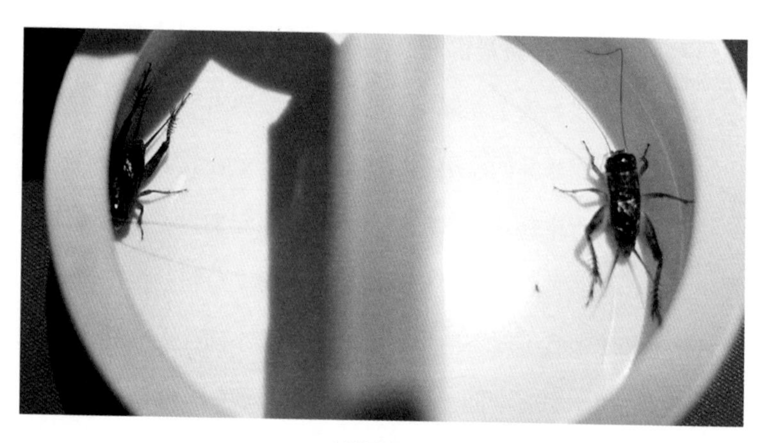

斗蟋蟀前的准备

斗蟋蟀始于唐代，发展于宋代，繁盛于明清。人们在玩赏蟋蟀的过程中，发现两只雄性蟋蟀有好斗的习性，一些官宦之家就先在宫禁中兴起了斗蟋蟀的娱乐游戏，而后传入寻常百姓家。当然，斗蟋蟀不只是虫在斗，在逐渐发展成赌博游戏后它得以快速传播，变成了一种颇具中国特色的蟋蟀文化。而随着中华人民共和国成立后对赌博的限制，斗蟋蟀也不再是一个大众化的游戏。相比之下，它衍生出的蟋蟀文玩，则成了现在养蟋蟀的核心，常胜的虫，高雅的虫具，成了身份的象征。

小小的蟋蟀，从田野走进床下，从草莽之地走进大雅之堂，它所承托的，是人们对自然的观察与喜爱，是人类驯服野生动物的成就感，更是昆虫在中国文化中的历史脚印。

萤火虫

——闪闪星空与森森“鬼火”

腐草为萤

在大多数人的印象中，看见萤火虫似乎是一种可遇不可求的浪漫邂逅，但实际上，只是因为它们不喜欢在城市的钢筋水泥中生活而难得一见。在全世界不同地方的科考过程中，与自然为邻的我们，最喜欢的时间其实是夜晚，气温舒适，很多小动物也更喜欢在晚上出来觅食，夜晚的探索往往会有更多的收获。而夜晚是萤火虫的舞台，我们甚至不用费力去寻找，它们就会自动出现，在树下草丛中飞舞，一闪一闪地跃动，仿佛在玩捉迷藏。中国古人认为萤火虫是在腐草中生长出来的，认为它们是“鬼界”生物，而一年中萤火虫最活跃的时间大抵是在农历七八月间，其中包含了七月十五“鬼节”，因此有人将萤火虫奇异的光芒称为“鬼火”。

但这明显是一种误解，全世界不同地方的人看到的萤火虫是不一样的。在砂拉越河口红树林中生活着另一种萤火虫，它们个头较小，停歇在树叶上发光，只有乘船到河口，才能看见它们的身影。向导拿出黄光手电筒对着岸边的红树闪了几下，不一会儿树上逐渐闪烁出亮光。向导讲解了很多关于萤火虫的知识，但我们唯一记住的是那句重复了好几次的“Merry Christmas”（圣诞快乐），即便当时刚刚 4 月份。不过在这树林中泛舟，数百万只萤火虫在两岸树上闪烁，这种氛围要远比圣诞节浪漫。

“凶猛”的肉食动物

萤火虫喜欢在夏季的夜晚活动，但这与“鬼节”毫无关系，只是夏季温暖湿润，本身就是适合昆虫繁殖的季节。萤火虫的光芒，也只是呼唤同类的信号。作为一种昆虫，它们也不可能是“腐草而生”，它们有着自己的生活周期。会发光的通常是成虫，其实它们的样子并不神秘，就是一种普通的虫子，还带着一丝可爱。而作为一种高调的昆虫，它们的翅膀中的一对特化成了较为坚硬的鞘翅，从而具备了一定的防御能力。是的，萤火虫是一种甲虫！它们与独角仙、屎壳郎等其实是近亲，即便它们长得如此不同。

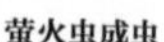

萤火虫成虫

萤火虫幼虫

萤火虫从小到大，历经卵、幼虫、蛹、成虫四个阶段。成虫期的它们对食物的要求并不高，只少量进食露水、花蜜就可以维持生存；但幼虫期的萤火虫可是一个不折不扣的“肉食者”，它们专挑一些跑得慢的小动物——蜗牛与螺下手。萤火虫根据幼虫大概可以分为陆生和水生两大类，陆生的幼虫喜欢吃蜗牛、蛞蝓和蚯蚓等，而水生的则喜食淡水螺。它们身体细长，头部呈锥形，还有一个可以小幅度伸缩的口器，这一切都是为了更好地捕食。萤火虫幼虫在捕食到猎物后，会先往猎物的体内注射消化液，之后再用口器吸食消化后的食物液体。萤火虫幼虫的生活周期较久，通常需要 10 个月左右，而这期间它们会积攒大量的能量，不断蜕皮成长，直到羽化成虫，开始发光。也正因为萤火虫独特的食性和习性，它们对生存环境的要求非常高：足够的湿度和足够干净的水源才能有蜗牛和螺的生长，因此萤火虫通常只会出现在环境好的地方。

夜空闪亮

发光听起来很简单，太阳能发光，月亮能发光，但这都无法主动控制；火也能发光，古代人类就已经会用火光来驱赶野兽，用烛光来照亮夜晚，但显然这并不是萤火虫发光的方式。现代文明直到1854年才发明了电灯泡，开启了电光时代。但这些跟萤火虫的发光比起来，都太过粗糙。萤火虫的发光，是分子水平的：在它们的体内，有一种被称为“荧光素”的小分子物质，荧光素在ATP（腺苷三磷酸）和氧气的参与下，经过荧光素酶和镁离子的催化，会生成一个高能量的激发态氧化荧光素和其他物质，随后，氧化荧光素会自发地从高能量的激发态衰变回低能量的基态，这个过程会释放光子，而许多的光子一起出现，就会呈现出我们可见的荧光。

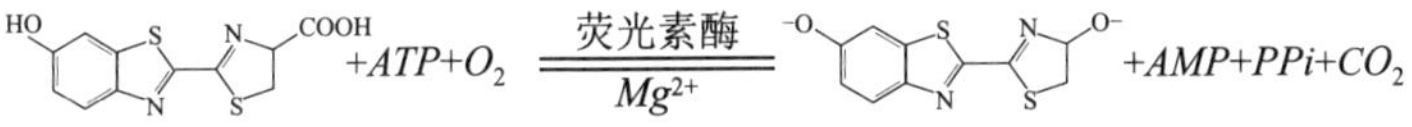

$+ATP+O_2 \xrightarrow[Mg^{2+}]{荧光素酶} +AMP+PPi+CO_2$

氧化荧光素　　　　氧化荧光素

荧光素的氧化反应

萤火虫的荧光是一种非常独特的冷光源，发光过程几乎不伴随着发热，这意味着它的绝大多数能量都可用于发光，是一种效率极高的发光方式。与此同时，萤火虫也不用担心自己被高温灼伤。

许多生物选择夜晚生活是为了更好地隐藏自己，但萤火虫却反其道而行之，肆意地暴露着自己的位置，对它们来说，比生存还重要的事情，只有一件，那就是繁衍。在漆黑的夜晚，一点微小的光亮都会格外显眼，对敌人来说是这样，对同伴来说更是如此。在萤火虫的许多种类中，只有雄性发光，雌性看见荧光后去寻找雄性，这样雌性萤火虫不会暴露在危险之中。而有的种类，雌雄都能发光，它们甚至还会互动：雌性萤火虫在接收到光信号后，会发光回应来告诉雄性萤火虫自己的位置。

实际上，虽然都会发光，但不同种类的萤火虫发光的颜色和频率却存在差异。通常来说，萤火虫的荧光是黄色的，在它们腹部下方有可以透光的白色薄膜，而这层膜的厚度和色差，也会影响萤火虫的荧光，于是会出现肉眼看起来的橙色、黄色甚至绿色的不同荧光。而更独特的是萤火虫的发光频率，它们并不只是简单的一闪一闪，实际上会有长闪、短闪、快闪以及持续亮等多种方式，在萤火虫的世界里仿佛存在着一套独特的莫尔斯电码，不同的发光频率只有同类才能明白。而关于萤火虫控制发光的开关，目前有许多假说，具体机理尚不明确，主流观点认为萤火虫通过腹部的收缩来控制氧气的吸收量，从而实现对光的控制。我们就且当这是它献给专属爱人的浪漫乐曲吧。

不一样的光

蛍火虫家族成员其实很多，其中也不乏一些比较另类的种类。巨雌光萤是一种“长不大”的萤火虫，它们中的雌虫不会变成成虫，终生保持在幼虫的形态，但它们的身体却是会长大的。与其他萤火虫幼虫不一样，它们肥壮的身体像一条毛毛虫。四川发现的巨雌光萤是中国最大的萤火虫。而它也虫如其名，是一类只有雌性会发光的萤火虫，雄性会正常长大成虫，雌虫平时躲藏在土壤落叶堆中，夜晚发光吸引雄性，雄性萤火虫会从远处飞来与其交配，完成繁衍任务。巨雌光萤身上发光的位置也更多，覆盖全身，仿佛夜光铠甲，满满的科技感。

妖扫萤则是隐藏在浪漫荧光下的杀手，妖扫萤属的雌虫，会模仿其他妖扫萤属萤火虫雌虫的发光信号，从而将其他雄虫吸引而来，但吸引的目的不是繁衍，而是捕食。有的妖扫萤甚至拥有一整套的光信号表，对于路过的妖扫萤雄虫，对号入座地选择信号将其诱杀，真是一个浪漫的陷阱。

与时俱进的虫

虽说萤火虫与“鬼节”、圣诞节毫无关联，但智慧的古人除了“囊萤夜读”外，也在多年的观察中发现了萤火虫多出没于七月、喜好腐草等规律。中国的二十四节气是农耕文明的产物，体现了劳动人民顺应农时，观察天体运行，总结气候、物候变化规律的智慧。二十四节气依据太阳在黄道上的位置制定，地球围绕太阳公转一周为一年，而一年又可以分为24等份，其中夏至、冬至、春分、秋分与太阳关系最为密切，其余的节气则是农时规律的精准体现，例如谷雨、芒种、霜降等。而在二十四节气之下，每一节气又可分为“三候”，共七十二候，它们则更准确地体现了生物的出没规律。在最受认可的元代吴澄著的《月令七十二候集解》中，与昆虫相关的物候共有九处：立春二候，蛰虫始振；立夏初候，蝼蝈鸣；芒种初候，螳螂生；夏至二候，蜩始鸣；小暑二候，蟋蟀居壁；大暑初候，腐草为萤；立秋三候，寒蝉鸣；秋分二候，蛰虫坯户；霜降三候，蛰虫咸俯。而除了这九处，还有一个惊蛰，惊蛰是二十四节气中唯一一个直接以昆虫规律命名的节气，意为蛰虫惊而出走，是真正意义上的万物复苏的时节。

根据现代自然科学的研究结果，昆虫的发生时间受到了光照、温度、湿度等多方面的影响，不可能按时按点地“上班”，但七十二候的描述却大体符合了昆虫在一年中的发生规律。发现并总结规律往往是科学发展的第一步，而七十二候说明农业生产也能促进科学的萌芽。《诗经》有云，“七月在野，八月在宇，九月在户，十月蟋蟀入我床下”，可见这种萌芽或许比我们想象的更为久远。

专题
离奇昆虫美食大赏

人类属于灵长类动物，从根源上来说，就属于杂食动物，大自然中的任何东西都会拿来尝试一番，昆虫也不例外。而随着人类文明的发展，我们逐渐选择了好吃又有营养的肉类和蔬菜类，也慢慢地对昆虫开始嗤之以鼻。但与此同时，我们又不得不与昆虫竞争着空间与食物；于是乎，或是出于好奇心，或是出于无奈，有许多昆虫逐渐被人们接受并且端上餐桌。

在中国传统观念中，民以食为天，昆虫作为一种与人类接触最密切的动物，“被吃”是它们不可避免的命运。吃昆虫并不是一个简单的事情，其中也蕴含着科学发展的原理：试验，纠错，掌握规律，得出结论。昆虫的种类和数量非常多，最早的“昆虫美食家”们是在不断的惊喜与试错中走过来的，而在这个过程中他们也逐渐掌握了昆虫美食的规律，了解了不同的昆虫“能不能吃，好不好吃，怎么吃”的难题，并巧妙地发挥了昆虫的营养价值，将其应用在餐桌之上，增添了独特的美味。当然，大部分人还是难以接受昆虫的，它们是只存在于少数老饕心中的美味。那么接下来我将呈上 10 道昆虫大餐，越往后越离奇，你能坚持到哪一道菜呢？

第一道：蚕蛹

剥开蚕茧，里面便是一个蓄势待发的蚕蛹。蚕茧可用于各式加工，而其中的蚕蛹则是制作小食的绝好材料，或烧烤，或油炸，咸鲜入味，酥脆的外皮包裹着软绵的内馅，放入嘴中香酥可口，紧接着变成豆腐般的嫩滑，对喜欢的人来说，是一份绝佳的点心。蚕蛹有大小之分，南方多为桑蚕的蚕蛹，个头较小，跟花生差不多，东北地区则多为柞蚕的蚕蛹，个头大，跟葡萄一样。桑蚕与柞蚕的蚕茧都可用于取丝纺织，都有规模化的养殖，蚕蛹的获取也非常便利，全国各地都能找到以蚕蛹为原料的食物。毕竟剥开蚕蛹上一环一环的纹路，其实它就像一个大花生，没有太多昆虫的外形，又有独特的口感和味道，算是最容易接受的虫子了，加上本身产量高，蚕蛹遂成为最常见的昆虫美食。

炸蚕蛹

第二道：蝗虫

在与人类几千年的共处中，蝗虫给人类带来了无数次的饥荒，而人类也迫不得已吃蝗虫充饥。但也就是在一次次的对抗之中，我们逐渐发现各种绝妙的烹饪手段。从最简单的火烤，到油炸，到猛火爆炒，蝗虫本身虫肉并不多，在烹饪脱水后所剩无几，因此酥脆的表皮成了主角；烤熟的蝗虫香脆可口，配以适当的调料，味道与口感比薯片好上数倍。俗话说“秋后的蚂蚱，蹦跶不了几天”，但秋末的蝗虫也是最为肥美的时候，多了翅膀，个头也大，品尝起来更加过瘾。蝗虫也是一道遍及全国的昆虫美食，它的外形稍有些吓人，但至少算是比较常见，绝大多数人是可以接受的，加上现在有专门的蝗虫养殖，卫生和产量也能有所保障。

烤蝗虫

第三道：蝎子

首先，蝎子并不是昆虫，而是节肢动物门蛛形纲蝎目昆虫的统称，蝎子那标志性的一对大螯和一根尾针确实令人过目难忘。蝎子在捕猎时，先用大螯将猎物控制，然后用尾针给猎物注射毒液，因此所有的蝎子都是有毒的，但即便如此，它也逃脱不了被吃的命运。《本草纲目》就记载了全蝎能“息风镇痉，攻毒散结，通络止痛”，可见蝎子很多时候是以药材的身份被人食用的。山东有道名菜“油炸蝎子”，取活蝎用盐水溺死，再下锅油炸，烹饪过程蝎子毒素被破坏，品尝的就是一个外酥里嫩的香脆。而许多地方的小吃街，也会在摊位前面摆上几串炸蝎子用以吸引顾客，品尝的人不一定有多少，但这一串串的“毒物”，确实能吸引来不少目光。蝎子有“山虾”的别名，当然蝎肉远没有虾肉饱满，炸蝎子更多吃的是外壳，如果能克服对它外形的恐惧，或许这也算是一道不错的山珍美味。

炸蝎子

第四道：臭屁虫

半翅目异翅亚目的昆虫统称为蝽，它们的身上长有分泌臭液的臭腺，受到攻击时会释放出来，因而得名臭屁虫、臭大姐。大多数的蝽臭味非常难闻，而且一旦被喷到身上，持久不散。正是有了这个武器，蝽类几乎所向披靡，青蛙吃了它都会恶心得面目狰狞。或许有人就是好这口，抑或人类发现了香味的秘诀，臭屁虫也被端上了餐桌。首先是兜蝽，俗名九香虫，这个名字比臭屁虫要友好得多。新鲜的九香虫确实有一定的臭味，但在炒熟之后，原本的臭味就会变成一种独特的香味，加上它本身酥脆的口感，宛如极香的炒瓜子，是绝好的下酒菜。然后是大田鳖，俗名桂花蝉，虽名中有鳖有蝉，但却是一种水生的蝽类，而所谓的桂花味，实际上也来源于它的臭腺。桂花蝉体型较大，烹饪之后香气扑鼻，油炸是主流吃法，去除翅膀和腿后直接咀嚼，享受酥脆的口感和口中逐渐迸发的香味，这是昆虫蛋白质和腺体分泌的多种味道的混合，是独属于昆虫的美味。

九香虫

第五道：爬沙虫

广翅目齿蛉科昆虫，幼虫时身体细长，腹部每节两侧有成对的气管鳃，整体形如蜈蚣，别名“水蜈蚣”；又因喜好在水流湍急的河中石头下生活，尤其是沙石多的地方，故称“爬沙虫”。成虫齿蛉有一对显著的大牙，长相凶猛，可啃咬树皮、吸食树汁，也可以捕食小型无脊椎动物。爬沙虫是一种对水质要求很高的昆虫，因此数量稀少，也成为不可多得的食物，安宁市甚至称其为“土人参”，认为爬沙虫有独特的药效。在云南和四川等地有吃爬沙虫的习惯，烹饪前掐头抽出肠子，避免吃入泥沙，进而油炸、爆炒、煮汤，都可以。但爬沙虫猎奇的外形和药效可能高于它的口味，去除了内脏的虫子，油炸过后只剩下酥脆的外皮，本质上来讲跟其他炸昆虫类似，味道上可能还少了点风味的转变。

爬沙虫

第六道：蚊子肉饼

非洲最大的湖泊是维多利亚湖，充沛的水资源带来更多生命的希望，但有时也会滋生大量的蚊虫。莹蚊在这片水域中肆意生长着，即便天敌很多，也抵挡不住它们的繁殖速度。每当繁殖季节来临，几万亿只莹蚊从水中冒出，成群纷飞起舞，仿佛湖面烟雾。而活的烟雾，不仅是鸟的丰盛大餐，湖边的居民也十分喜爱。由于蚊子密度高得非比寻常，人们甚至不需要专门的捕捉工具，拿上锅碗瓢盆，沾上点水，开始挥动，莹蚊就不断地被粘了上去，无数的莹蚊被聚集在一起，形成了黝黑的肉饼，少油煎熟，便是可以媲美牛肉的蛋白质大餐。这一坨肉饼中含有 50 万只莹蚊，如果不介意它的颜色和口感，其实莹蚊的营养价值甚至比牛肉还要高。

蚊子肉饼

第七道：蜘蛛

蜘蛛是许多人的噩梦，八条长腿，吐丝织网，无往不利，即便蜘蛛在人类面前显得十分渺小，我们还是非常害怕这个天生的猎手。络新妇是一类在南方非常常见的织网蜘蛛，它们常常成群分布，各自织起的网相互交错，仿佛难以逃脱的天罗地网。而且我们所看见的这些织网的蜘蛛都是雌性的，雄性蜘蛛体型很小，躲在蛛网上伺机交配。因而在日本传说中，络新妇是一种蜘蛛变成的妖怪，专门诱惑男子。当然实际上络新妇并没有那么危险，它们受到攻击时的第一反应是逃跑，被抓住了才会咬人，但较弱的毒性对人造不成危害，反而是它们的天罗地网捕杀了许多害虫。然而作为一种节肢动物，终究还是逃不过外酥里嫩的命运。络新妇的肚子肥大，成群分布也降低了捕捉难度，只需拿一个 Y 形树枝，顺着蛛网缠绕，就可以轻松捕捉，简单地烧烤就能激发最纯正的香味。或许因为这是一种食肉动物，味道要比蚕蛹、蝗虫等香许多。看来即便是可怕的蜘蛛，依旧是去腿可食的美味。

络新妇

第八道：豆丹

豆丹是豆天蛾的幼虫，尾巴上的小尖刺是天蛾幼虫的识别特征。豆丹喜欢吃大豆叶子，对植物危害巨大，影响大豆结荚，在农业上是不讨喜的大豆害虫，但也因为它取食大豆，本身并没有毒素或是其他危害，因此这种肥美的虫子逃不了入锅的命运。秋季的豆丹到达末龄，体型最大，也是食用的最佳时机。人们通常会用擀面杖将虫肉擀出，再进行烹饪。虫肉独特的昆虫蛋白，嫩滑的口感，再加上大豆叶的香气，使豆丹成为许多人喜爱的昆虫美食之一。但豆丹还有个更独特的吃法——生吃！末龄豆丹的皮很厚，嚼起来像猪皮一样，而咬破之后，就会有一股生大豆叶的味道瞬间充满口腔，同时有嫩豆腐般的虫肉滑入口中，每一次咀嚼都能体会到皮和肉两种完全不同的口感体验。当然，生吃昆虫有比较大的卫生风险，何况这么大一只青虫，可不是谁都敢放入口中的。

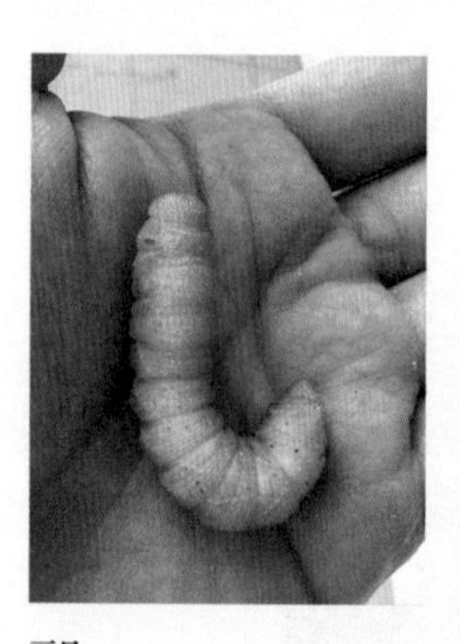

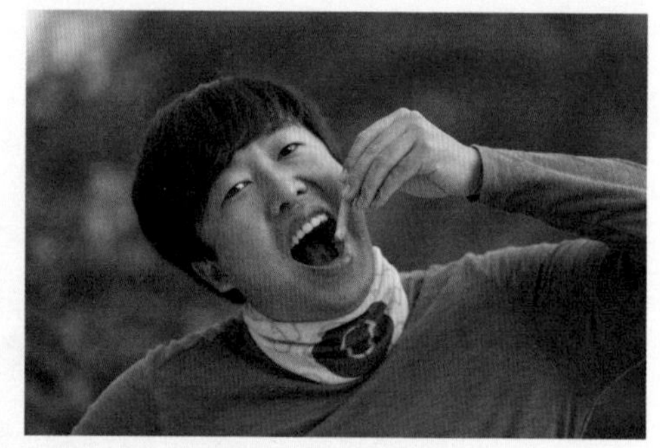

豆丹

第九道：屎壳郎

屎壳郎妈妈将宝宝生在粪球之中，为的是宝宝能衣食无忧，也能躲过绝大多数捕食者的攻击。没想到即便是加上了一个重口味的外壳，也逃脱不了被吃的命运。要知道，这可是从真正的粪便中抓出来的虫子，且不说吃，大多数人连闻都会觉得恶心，因此这是仅存在于几个少数民族中的独特食物。屎壳郎幼虫外形肥嫩，通常用于煲汤或油炸，口感上与其他昆虫大同小异，最独特的还得数它的味道。得益于它自己的食物，屎壳郎吃起来有一股大肠味，或者说是屎臭味，加上它本身蛋白质的味道，香臭结合，相得益彰。对于这样的臭味美食，向来都是褒贬不一，再加上这个硕大的肉虫外形，敢于尝试的人更加寥寥无几。

屎壳郎

第十道：活蛆奶酪

奶酪是一种发酵过的牛奶制品，浓浓的奶香，软糯的口感，使它成为许多人喜爱的食物，但如果奶酪上爬满蛆虫，还会有人吃吗？在意大利的撒丁岛，有些人就专门吃这种长蛆的奶酪。当然并不是腐烂长蛆，人们会主动在奶酪上放上苍蝇幼虫，也就是蛆，蛆虫在奶酪中边吃边钻，打散了奶酪的结构，同时它们分泌的酸液可以降低奶酪的脂肪含量，最终将奶酪转变成质地绵软的近乎流质的奶油。此外，蛆虫还能有效抑制有害微生物的生长，从一定程度上保证了奶酪不会过度腐坏，因此没有活虫的奶酪反而是不能吃的。一块上好的活蛆奶酪中有成百上千只蛆虫在不断蠕动，有的人会提前将蛆虫去除，只吃奶酪，而有的人则会将它们统统吞下，这可能已经不是勇气能支撑的了，还需要一些对文化与传统的敬畏。当然，这种活蛆奶酪的健康风险还是存在的，因此被禁止出售，若想品尝，只能去找少数掌握制作方法的农夫了。

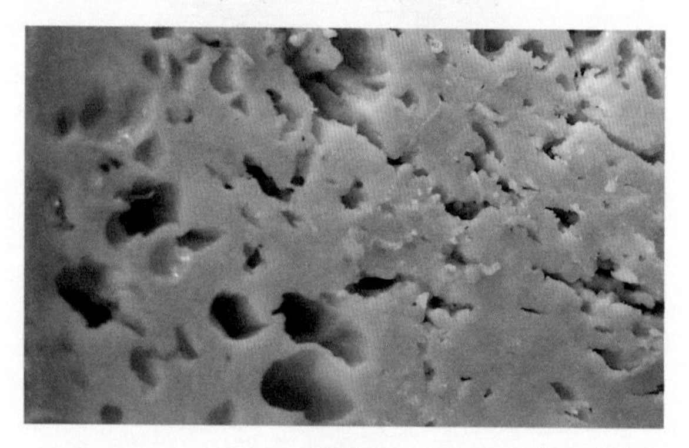

活蛆奶酪

大多数昆虫美食的做法，都是烧烤或者油炸，这是因为昆虫是一类外骨骼的生物，烧烤和油炸可以最大程度地发挥其外酥里嫩的优点，这也是很多老饕喜欢吃昆虫的原因之一。也有许多人担心，昆虫是不干净的食物，食用后容易拉肚子。实际上，正规昆虫美食大都来源于饲养，而且昆虫本身富含蛋白质，与其他食物并无太大差异。如果有机会，请一定尝试着品尝一下，说不定会打开一个新的美食世界大门。

第三章

应用

昆虫的价值

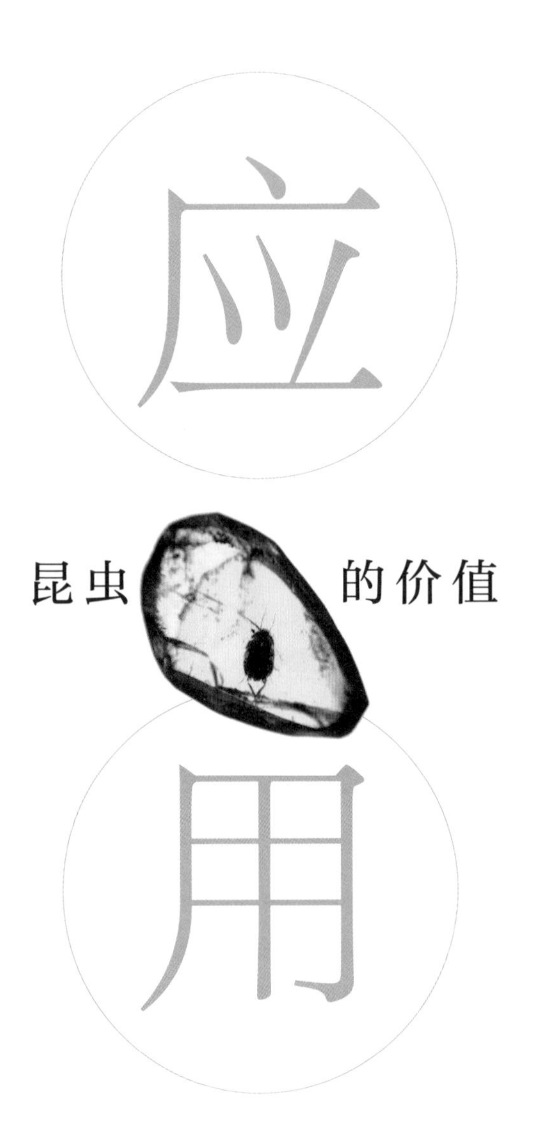

蚕

·

——蚕丝编织贸易之路

难得的美食

在野外科考的过程中，沿途的风景与科考的收获，往往在短暂欣喜后就会遗忘，真正令人印象深刻的，还得数旅途中品尝到的各种地方美食，特别是刚好赶上的应季食品，无论好吃与否，都会成为极其独特的回忆，这其中，就包含一道独特的炒鸡蛋。我们在辽宁省凤城科考时正值秋天，东北的冬天非常寒冷，秋季是昆虫一年中最后的“狂欢”，许多昆虫都在此时四处奔波，或是寻找配偶，或是产下后代，或是准备越冬，因此也是我们采集昆虫的最佳时机。当我们结束了一天的科考任务，回到居住的农家时又冷又饿，东北大姐非常热情，马上给我们端上来一盘炒鸡蛋，嫩滑鲜美，瞬间哄抢而光。老师们还非常感慨，累了一天炒鸡蛋都变得极其好吃。我们找店家再要一盘却被拒绝了，随后大姐掏出来一只大绿虫子，老师们一下就认出来是柞蚕，大姐说刚刚的炒鸡蛋是因为有了它才好吃，把蚕肉用擀面杖擀出来，伴着鸡蛋一块炒，秋天的柞蚕最为肥美，是不可多得的美食，想吃还得再抓够了才有。谈笑间，有几位老师突然面露难色，回想起自己刚刚吃下了不止一只虫子，对新端上来的每道菜都小心翼翼，不敢下口。

蚕其实是一种比较普遍的昆虫美食，大多数时候直接将蚕蛹烤熟或者爆炒就可以吃了。有的地方会将待产的母蚕摘去翅膀后煮熟，吃的就是蚕卵的口口爆浆。更有甚者，在野外寻得的野蚕，直接生吃！

蚕是一种我们非常熟悉的虫子，被吃的通常是野生的柞蚕、野蚕等，而另有一种家蚕，则在中华文明的发展过程中，发挥了更加重要的作用。

先祖与先蚕

中华文明已有五千年之久，上古时期的许多历史都带着些许玄幻色彩，但我们从未怀疑其真实性，而是非常自豪我们生于华夏大地，成为炎黄子孙。黄帝与炎帝的部落，在逐鹿中原、大胜蚩尤之后，发展农耕，造字制衣，正式开启了天下一家的中华文明之路。蚕也从这时候开始，进入了人类的生活。

黄帝的妻子为嫘祖，相传黄帝命嫘祖为部落人民准备衣服，可是当时衣服只能用兽皮制作，非常难得，嫘祖终日苦思无果，难过得吃不下饭。她的姐妹们不忍看她挨饿，就想着去寻找些好吃的野果，可惜一无所获，直到在返程的路上，发现树上结有奇特的小白果，她们摘下品尝，发现嚼不动，还没味道，但天色已晚，实在没有办法，就摘了一些带回呈给嫘祖。嫘祖也不多想，拿起就吃，旁人劝她不好吃就别吃了，可这时嫘祖却心情大好笑了起来，原来，她发现这个小白果并非水果，上面附有许多的白丝，而这些白丝，或许可以解决她的制衣难题。第二天，她马上前往白果的发现地，果然看见树上，一条小虫正在吐丝将自己包裹。之后，嫘祖开始带领部落种植桑树，养蚕抽丝，织布制衣，开创了人类饲养昆虫的篇章。

这则故事只是众多传说中的一版，但不变的是嫘祖作为养蚕始祖的地位，后世尊嫘祖为蚕神，时时祭拜。

唯一被驯化的昆虫

家蚕属于鳞翅目蚕蛾科，与蝴蝶是近亲。在从小到大的生长过程中，家蚕须经历四个阶段的完全变态发育。这其中最独特的点，就是它们在化蛹阶段的吐丝。蝴蝶幼虫准备化蛹时也会吐丝，但只会有少量的丝线来辅助固定，而蚕则会在自己周围满满地围上好几层丝线，将自己紧紧包裹在里面，再进行化蛹。外层白色的丝线称为“茧”，有人称其“作茧自缚”，其实这是它们的自保手段，这些丝线有着超强的韧性，很难从外部打开，蚕蛹可以比较安逸地在其中完成自己的蜕变。等到时机成熟，它们会利用自己的唾液，从内部将蚕茧溶解出一个洞，再从中破茧而出。（在成语中有“破茧成蝶”一词，但实际上，蝴蝶并不会结茧，真正能破茧的，都是飞蛾。）

蚕茧与蚕蛹

昆虫的种类有 150 万种之多，而家蚕是唯一真正被驯化的昆虫，它们非常适应人类的养殖：

（1）产卵量极高，而且母蚕会成片产卵，易于收集；

（2）幼虫生长迅速，取食桑叶很容易得到；

（3）幼虫能极高密度地养殖，不会争抢，不易得病；

（4）成虫完全不会飞，不用担心逃逸，交配与产卵时间短。

家蚕与野蚕并不是同一种昆虫，它们原本非常接近，但是却走了两条完全不同的道路，在五千年的养殖过程中，家蚕已经变成了一种非常适合规模化养殖的昆虫，甚至把家蚕放归野外，它们已无法适应自然环境，只能灭亡。家蚕的生长与繁衍依靠人类，而人类也从它们身上获取了所需的丝线。

织丝成茧，择茧缫丝

一个蚕茧的丝线，能有 900~1 500 米长，这对于体长最多 8 厘米的蚕来说，是一个非常夸张的长度，相当于一个 1 米 8 的成年人，牵着一根 33 千米长的线。那蚕是怎么把这么多的丝线藏在肚子中的呢？实际上，蚕丝并不是在蚕的身体中产生的，在蚕的体内，有专门产生丝线的器官——吐丝腺，这些腺体中储存着液态的蚕丝纤维，当这些蚕丝被吐出、拉长，会在结晶的作用下，形成固态的蚕丝。因此蚕吐丝时，并不是把体内的丝吐出来，而是先让丝线液体粘在一个地方，通过头部向后摆动拉长的过程来形成丝线，也因此，蚕可以在体内“储存”超长的丝线。

每一根最小单位的蚕丝只有 0.01 毫米宽，而这么纤细的丝线，却编织了蚕蛹最重要的保护罩。蚕宝宝在吐丝时，首先，通过在头部左右两边的两个吐丝管，每次同时产生两根丝，通过它们的缠绕增加丝线的强度；然后，它们会以“8”字形的轨迹不断重复地覆盖上一层又一层的丝，以确保整个茧的强度；最后，蚕丝的丝线中有两个非常重要的蛋白质成分，一是蚕丝纤维的主体丝线蛋白，二是增强蚕丝强度的丝胶蛋白，吐出的不同丝线会在丝胶蛋白的作用下相互黏合，最后成为一个坚不可破的屏障。

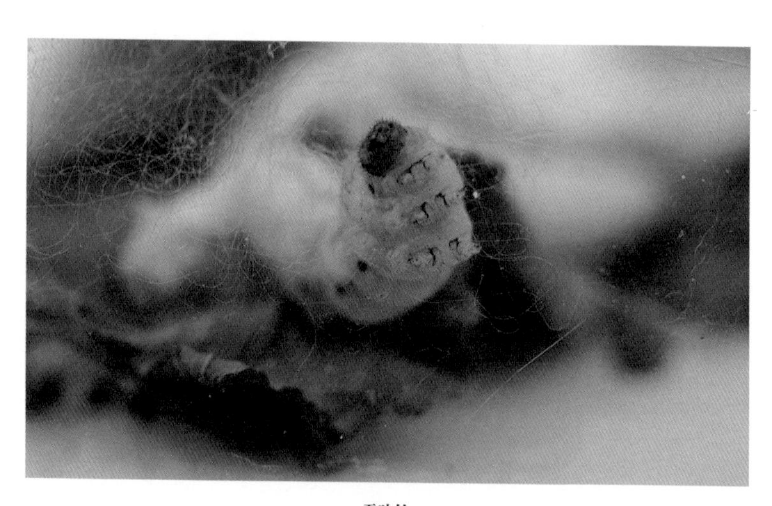

蚕吐丝

蚕茧如此牢固，为了将其中的丝线取出，也需要独特的方法。好在蚕丝中的丝胶蛋白会在热水中破坏溶解，而蚕丝本身不受影响，因此可以通过煮茧的方式获取。通常来说，蚕吐丝结茧的过程是一次性完成的，也就是说其中的丝线是完整的一根，从热水中的蚕茧抽出丝线头，随着丝线被不断抽出，蚕茧也会在水中翻滚，直到整根线剥离，这就是缫丝。而为了获得蚕茧上这根完整的丝线，我们就不能轻易地破坏它的结构，也不能让它自己破坏，所以需要趁它还未钻出的时候煮茧——很遗憾，煮茧缫丝意味着会杀死其中的蚕蛹。因此对这些用于缫丝的蚕茧来说，是真正意义上的“春蚕到死丝方尽”，奉献自己，成全他人。

蚕丝聚集成股，编织成布，形成丝绸。丝绸颜色洁白、质感轻薄，是绝佳的制衣材料。西汉出土的一件丝绸禅衣，薄如蝉翼，极其轻便，可见在2 100年前，以丝绸制衣的技术已经炉火纯青。但蚕丝的作用，并不仅限于制作丝绸。

蚕丝被的制作，不需要缫丝的过程，而是把茧剪开，煮化后将整个茧撑开拉扯成平面，无数的茧丝不断堆叠，最终形成厚厚的蚕丝被芯。蚕丝被拉扯之后非常蓬松，其中的孔洞形成了极好的保暖效果；而其中的蚕蛹也会被提前取出，另作他用。

帛书是在造纸术之前用于记录的高级“纸张”，相对于传统的竹简和石碑，帛书显然更易携带，但碍于生产力的限制，只有少数权贵能使用。而得益于丝绸耐保存的优点，记录在帛书上的文字成了非常重要的史学研究材料。距今最早的春秋时期的楚帛书，在2 500年后的岁月中历久弥新。

西汉·素纱禅衣

防弹衣能阻挡高速飞行的子弹，给人提供最大程度的保护。我们通常认为防弹衣应该厚实坚硬，但在防弹衣诞生之初，丝绸才是最好的材料。波兰裔工程师卡西米尔·齐格林在最初设计防弹衣时，就提出了“密集编织”的要求，而这至今都是防弹衣的主流设计方向。在齐格林试验的多种材料中，丝绸最能符合要求。丝绸有着意料之外的高强度，在受到瞬间冲击时也表现得更加坚韧。可惜丝绸的高成本限制了防弹衣的推广，慢慢地被新兴的人造高分子聚合纤维取代。

齐格林和蚕丝防弹衣

骨折手术的修复，通常需要用螺钉或者夹板辅助固定骨骼，当骨骼修复完成再取出，而这就意味着需要二次手术。国际期刊《自然通讯》（*Nature Communications*）在 2014 年报道了在小鼠实验中，蚕丝制成的螺钉可以在体内自行降解；2021 年，西安的西京医院完成了世界首例蚕丝螺钉的应用。这种特制的蚕丝螺钉可以在初期提供足够的强度以支撑骨骼，在一年后逐渐降解并被人体完全吸收，不会带来额外的手术风险和副作用，具有非常好的应用前景。

凡此种种，不胜枚举，蚕丝的运用超乎了我们的想象。但蚕丝给我们带来的，还有一条享誉古今中外两千余年的丝绸之路。

丝绸之路

丝绸是一种非常轻薄、温润的织物，比起传统的棉麻更受欢迎，但在很长一段时间内，只有中国人真正掌握了养蚕缫丝和丝绸的编织技艺，因此其他国家的人民只能从偶尔传入的舶来品中感叹丝绸的精美。西汉时，汉武帝派张骞两度出使西域，打通了长安到中亚、西亚并连接地中海各国的陆上丝绸之路。有趣的是，张骞第一次出使西域虽没有成功，但他却发现当时的身毒国（今印度）中已经传入了来自四川的蜀布，后人通过探索正式打通了从云贵高原通往印度的南丝绸之路。

实际上，丝绸之路并不是一条具体的路线，而是中国与中亚各国以丝绸贸易为媒介的贸易通路，距今有两千多年的历史。各个朝代的贸易需求不断扩展着新的路线，其中包括海上丝绸之路，组合成的是一个巨大的贸易网络。丝绸之路的出现，促进了国际贸易，更重要的是加深了各文明之间的交流，即便到了现代，它依旧在国家交流和全球一体化中发挥重要作用。

一只小小的蚕，吐出长长的丝，这根丝贯穿了时间，连通了空间，在人类文明的发展史中，编织下了浓墨重彩的丝绸篇章。

蜜蜂

——辛勤劳动，全身是宝

甜蜜的代价

蜜蜂一定是科考中最常见的昆虫，每一个阳光明媚的天气，它们都会忙碌在花丛中。但奇怪的是，蜜蜂巢却极难寻觅，树上挂着的圆形巢肯定不是蜜蜂巢，而是危险的胡蜂巢，不仅没有蜜，一旦被大量的胡蜂攻击还会有生命危险。家养的蜜蜂有蜂箱，但野外的蜜蜂巢则会藏匿在更为独特的地方，毕竟宝贵的蜂蜜是许多动物青睐的美食。在马来西亚的一次科考途中，我们入住了一个非常破败的酒店，房间的灯都坏了，但是却没有人维修，酒店老板让我们去仓库取灯自己换。仓库显然也很久没有打理了，布满了灰尘，但比灰尘更加神奇的是仓库中持续不停的嗡嗡声，开灯一看，才发现在仓库中竟然有着三个大蜂巢，蜜蜂把蜂巢修建在了汽车轮胎中间，堆得满满的，轮胎上还有溢出来的蜂蜜。蜜蜂把家园修建在最隐蔽的地方，而采蜜的工蜂则忙碌着从窗户缝进进出出。征得酒店老板同意后，我们派出一个最懂蜜蜂的昆虫学家，对其中一个蜂巢进行了采集工作，在采集若干蜜蜂标本的同时，重点采集了蜂蜜，这下彻底消除了我们对酒店环境的抱怨。至于代价嘛，只有一人被蜇，非常划算。野生蜂巢一般建立在洞穴、树洞等昏暗的地方，但无论什么时候，千万不要随便去招惹任何蜂巢，再专业的人，也抵抗不了大量的蜂毒。特别是在科考过程中，由于无法及时得到治疗，任何小伤害都有致命的危险。

勤劳与无私

通常来说，我们不会用拟人化的方式来形容昆虫，它们的所作所为都是为了自己的生存，都是在大自然的规矩之中。但对于蜜蜂，我们却从不吝溢美之词：蜜蜂是勤劳的，每一个不下雨的天气都会在花间忙碌；蜜蜂是无私的，辛苦收获的蜂蜜完全贡献给了集体；蜜蜂是慈爱的，认认真真照顾着族群的后代；蜜蜂是无畏的，面临危险毫不退缩，不惜牺牲自己来抵御敌人。

蜜蜂是最常见的昆虫，它们嗡嗡地在花朵间徘徊，探寻着每一朵花然后埋入其中采撷花蜜，带出满身的花粉又飞往下一片花丛。蜜蜂有着昆虫普遍的特征，身体分头胸腹三部分，有一对触角、两对翅膀和三对足，但仔细观察的话，就会发现它们身上的一切仿佛都为了采花蜜而生。首先，蜜蜂的头部和胸部有非常多的绒毛，当它们在花中穿梭的时候，花粉就会很容易地沾在绒毛上，这是它们收集花粉的第一步。然后是蜜蜂身上最独特的结构，它们的第三对足——携粉足。与其他足相比，携粉足更加宽扁，同时上面长满了刚毛，利用刚毛之间的黏滞力，蜜蜂会将身上沾满的花粉收集起来，沾在携粉足上，看起来就像是背了两个专门的花粉篮。蜜蜂的触角也非常容易沾上花粉，但触角是非常重要的感知器官，需要时刻保持干净清洁，因此蜜蜂的第一对足特化为净角足，净角足的一处关节上有凹槽，凹槽中有非常细的绒毛，还有一个可以开合的活门。当触角需要清理时，蜜蜂会低头把触角放入净角足的凹槽中，合上活门，触角在槽中一刮，就可以把上面的花粉梳理出来。蜜蜂还有一个独家口器——嚼吸式口器。大多数昆虫的口器都只具备单一功能，而蜜蜂仿佛长了两个嘴巴：上颚是较短的两颗“大牙”，行咀嚼功能，主要用于建立蜂巢和叼幼虫；下颚和下唇形成了“吸管”，行吸取功能，主要用于在花朵中采集花蜜。这些虽仅仅是外表的特化，却可以从中看到蜜蜂近乎极致的进化之路。

蜜蜂是一种社会性昆虫，它们不只是简单地集群生活，一个蜂群有着严格的等级制度和职位分工。数量最多的是工蜂，负责蜂群的各项事务，包括采蜜。工蜂采集的花粉花蜜，都不会自己

蜜蜂采花蜜

享用，而是存放在公共巢室中，等待分配。有序分工使得蜜蜂族群很容易发展，但过度集中也带来了更大的威胁——不少动物都馋蜂蜜。好在蜜蜂虽小，却有着厉害的武器——螫针。工蜂的螫针是由产卵器特化而来的，螫针连接蜜蜂的内脏，其中最重要的是一个毒腺，能为螫针提供毒素。工蜂在攻击敌人时，会将螫针扎入对手体内并注射蜂毒。蜜蜂的螫针上有许多倒刺，即便自己被甩开，倒刺也不会脱落，而且毒腺和内脏会继续与螫针连在一起，提供着毒素。但这也意味着蜜蜂的死亡，它们是在用敢死队的方式抵御危险。很多时候一只蜜蜂的攻击并不足为惧，但一群蜜蜂持续性的蜂毒攻击，会带来剧烈疼痛甚至危及生命，因此蜜蜂在自然界中绝对是一个不好惹的角色。蜜蜂也知道它们自己不好惹，大摇大摆地四处飞舞，丝毫没有躲藏的意思：它们身上是黄色、黑色相间的条纹排布，这种颜色在自然界中非常显眼，仿佛在宣告着自己的强大，我们也将这类暗示着危险因素的颜色称为警戒色。许多其他昆虫也装模作样地“打扮”成蜜蜂的样子，让其他生物以为它们是蜜蜂从而不敢轻易地攻击它们，其实它们并没有什么实际的攻击手段。这种无毒生物模拟有毒生物的有趣行为，称为贝氏拟态。

蜜蜂螫针

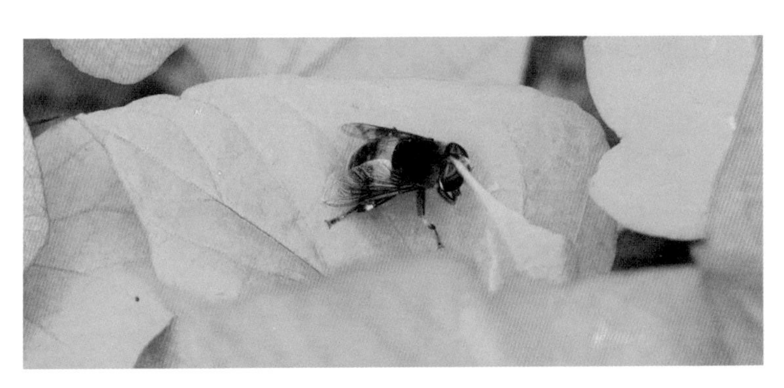

模拟蜜蜂的“苍蝇”

井然有序的蜜蜂帝国

蜜蜂的族群有着严格的阶级划分，既有负责繁殖的阶级，也有较少繁殖甚至完全不繁殖的阶级；而族群的后代是由整个族群共同抚育的，无论这个后代是否是自己亲生的。这种社会性结构在动物界中并不普遍，而蜜蜂帝国则是一个非常典型的代表。蜜蜂族群中有三种成员，分别是蜂后、雄蜂和工蜂；它们有不同的成长方式，也担任着不同的职责。

蜂后

蜂后是蜜蜂族群的最高统治者，有发育完全的生殖系统，是蜜蜂族群中唯一有繁殖权的阶级。蜂后最主要的任务是产卵，保证种族的延续，而后代的抚育则交给工蜂来完成。蜂后还控制着整个蜂群：一方面，通过激素控制工蜂，指挥蜂群的运转；另一方面，它们会通过性外激素来抑制工蜂幼虫的性腺发育，避免产生新的蜂后影响蜂群。当然，在族群壮大之后，蜂巢会慢慢变得拥挤，此时就需要有新的蜂后来分担了。工蜂会建立专门的大号巢室——蜂王台，老蜂后会同步在数个蜂王台中产卵，这些预备蜂后会在蜂王台中生活，并吃着蜂王浆长大。等到羽化出来，这些预备蜂后需要通过一场厮杀来证明自己，它们相互之间用螯针打架（它们的螯针不是一次性的），只有最终胜利的蜂后才能成为新蜂王。新蜂王会找时机去和雄蜂交配，然后回来接管蜂巢成为新的领袖，而老蜂王则主动让位，带上一些工蜂“亲信”，寻找新的地方，建立新的蜂巢。

雄蜂

蜜蜂的繁殖非常独特，蜂后会生出两种后代：受精的卵，之后会发育成工蜂；而没有受精的卵，则发育成雄蜂。雄蜂没有父本，是蜂后通过孤雌生殖产生的，只有蜂后一半的染色体；它们的任务也很简单，跟其他蜂群的新蜂后进行交配。雄蜂是蜂巢中的常备“种牛”，每巢中通常会有大约 500 只，但是它们地位很低，只能在蜂巢边缘生活。而雄蜂具有更大的复眼，以方便它们去寻找雌性蜂王，它们就是为了交配而生的，仅此而已。

工蜂

工蜂是蜂巢中最常见的类型，平均每巢会有 6 万只工蜂。它们维持整个蜂群的运转，负责蜂群中生孩子之外的一切事务。工蜂都是雌性的，但是在蜂后的控制下，它们完全没有繁殖能力。工蜂的寿命较短，成虫之后只存活 5~6 周，但即便是这么短的时间，它们在不同的年龄也会有不同的任务。总的来说，工蜂的一生可以分成两个阶段：前半生，比较年轻，智力发达，负责复杂的巢内工作，即内勤蜂；后半生，相对年老，智力下降，负责危险的巢外工作，即外勤蜂。工蜂的一生可以细化为以下阶段：

1~3天：清理巢穴。刚刚羽化的工蜂，就得开始忙碌的生涯，它们需要把自己住过的巢室打扫干净，以便给新的幼虫使用。

4~12天：照顾同伴。年轻的工蜂主要在巢室中忙碌，照顾蜂后、幼虫等。

13~20天：巢穴事务。此时的工蜂开始负责蜂巢的打理，例如搭建蜂巢、储藏蜂蜜、调节巢穴温度、清理垃圾等。

21~23天：守卫巢穴。工蜂前半生的最后一个阶段，是守卫蜂巢，利用螯针攻击靠近的动物和胡蜂等入侵者。对工蜂来说，每一次防守都是舍命相搏。胡蜂是蜜蜂的死对头，一只胡蜂一分钟可以消灭 40 只蜜蜂，然后鸠占鹊巢，以蜜蜂幼虫和蜂蜜为食。为了应对胡蜂，工蜂则会采取一个特殊的招数：它们一起围住胡蜂，利用自身翅膀振动产生高达 46℃的温度来热死胡蜂。胡蜂耐热性不如蜜蜂，会因高温和缺氧先行死去，但在这个过程中，仍然会有不少工蜂死在胡蜂的螯针下。

24~42天：采集花蜜。当工蜂来到后半生，它的生命将变得不那么重要，于是它开始从事最危险的工作——外出采集花蜜和花粉。采蜜过程中会遭遇各种危险和天敌，还需飞行数公里，但绝大部分工蜂还是能很好地完成任务，回归巢穴为整个族群提供食物。

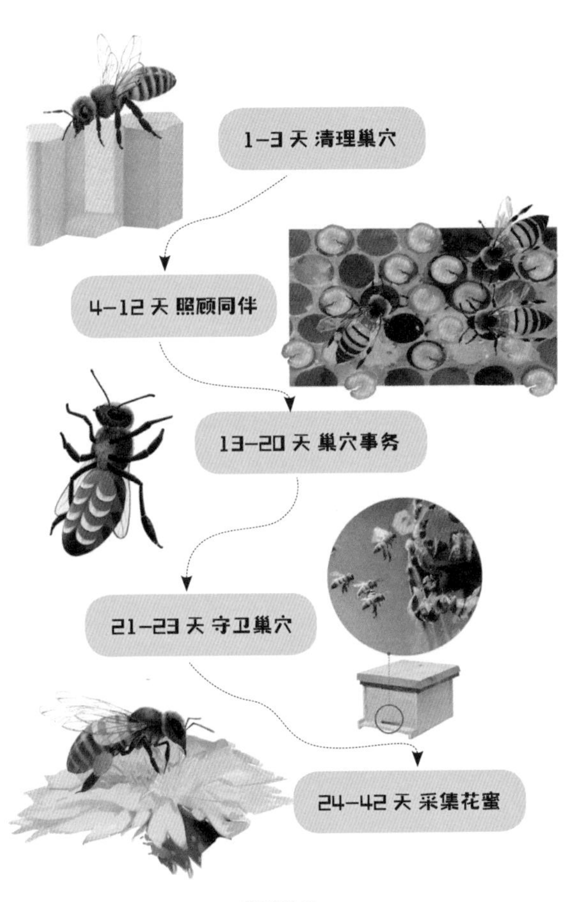

工蜂的分工

蜜蜂的价值

蜜蜂对人类最大的贡献，就是蜂蜜。蜂蜜是由工蜂采集的花蜜酿造而成的，但过程却非常复杂。通常来说，植物的花蜜含有大约 75% 的水分，而蜂蜜的含水量仅有 20%。工蜂在采集花蜜时，会将花蜜混着唾液，直接吸入身体里的蜜囊中，此时的花蜜在唾液中相关酶的作用下开始了糖类转化。回到蜂巢后，工蜂将花蜜吐入巢格中，接着由内勤蜂负责在蜂蜜附近扇动翅膀，帮助蜂蜜快速挥发水分。当蜂蜜水分降至 20% 左右时，蜂蜜中的糖分也基本转化完成，这时内勤蜂会用蜂蜡给蜂蜜封口，作为储备。

蜂蜜的糖分很高，是非常好的能量食物；此外，蜂蜜源自花蜜，含有来自植物的大量维生素和次生代谢产物，因此蜂蜜也具有较高的营养和保健价值。在《神农本草经》中就描述蜂蜜"主治心腹邪气，诸惊痫，安五脏诸不足，益气补中，止痛，解毒，除众病，和百药。久服强志轻身，不饥不老"。近代实验也证明，蜂蜜在治疗胃溃疡、增强体质、预防流感、改善脑力等方面都具有一定的医疗价值。除了蜂蜜以外，蜂巢中的所有成分都有价值：蜂王浆有提高免疫力、抗疲劳的功效；蜂花粉能补充蛋白质、氨基酸和维生素等营养成分；蜂蜡可用于制作蛋糕蜡烛、口红蜡油、药丸丸衣等；蜂胶对糖尿病和高血脂有一定的治疗效果。

蜜蜂不止蜂蜜

蜂蜜只是蜜蜂带来的最直观的价值，其实它们对人类甚至对整个地球都有着至关重要的作用。有一个广为流传的爱因斯坦的预言："蜜蜂灭绝后，人类最多存活四年。"这个预言无法证实是出自爱因斯坦，但大家对于其内容似乎从来不抱有怀疑。一方面是被"爱因斯坦"误导了，另一方面是我们真的相信，蜜蜂对于人类非常重要。

蜜蜂与农业

工蜂在花朵间采集花蜜的同时，毛茸茸的它们会沾上大量花粉，当飞往另一朵花时，这些花粉就会被传播出去，传粉是植物结果前的重要步骤。在植物的传粉方式中，依靠昆虫是最有效最常见的方式，而蜜蜂则是数量最多的传粉昆虫。蜜蜂的参与能大幅增加植物的结实率，增加植物产量。此外，有研究表明，在有蜜蜂活动的区域，毛虫会减少对植物叶片的啃食，从而降低植物的损伤。现代农业，特别是果实作物产业中，蜜蜂几乎成了标配的必需品。

蜜蜂与生物多样性

蜜蜂的传粉增加了植物之间的基因交流，产生了更多的遗传组合后代，增加了植物多样性。而大量的蜜蜂也可以作为生态食物链中的底层结构，增加地区动物的多样性。

蜜蜂与人类

环境检测：蜜蜂的采蜜范围非常广泛，可以通过对蜂蜜成分的检测，来判断一个地区的环境是否受到污染。

蜂毒治疗：工蜂螫针中的蜂毒，虽然是用来攻击敌人的，但它在治疗风湿性关节炎、神经炎等疾病上却有独特的疗效，蜂毒结合针灸成为一种颇具中医特色的疗法。

养蜂业：养蜂业具有很多优势，比如不占耕地、不受城乡限制、投资回报快等。养蜂业是一个农民发家致富的优秀产业。

此外，蜜蜂还启迪了人类的研发和科学发展，这部分内容将在第五章进行叙述。

保护蜜蜂

世界上属于蜜蜂属的蜜蜂共有 9 种，其中养蜂业使用最多的是东方蜜蜂和西方蜜蜂两种。东方蜜蜂原产于亚洲，中国也有一个亚种——中华蜜蜂（*Apis cerana cerana Fabricius*），中华蜜蜂是土生土长的蜜蜂，具有更好的抗病性和对抗天敌的能力，集群攻击胡蜂的方式就是中华蜜蜂的看家本领。西方蜜蜂起源于欧洲、非洲、中东等地区；欧洲地域狭小，气候偏冷，每年的花期只有短暂的几个月，西方蜜蜂为了适应这种气候，演化出了非常强的采蜜能力，花期采集的蜂蜜就能供给蜂群全年使用。对于蜂农来说，采蜜能力关乎蜂蜜的产出，因此在20世纪后，中国的蜂农大量引进西方蜜蜂族群，在气候温润的中国，它们可以全年无休地产蜜，有的蜂农甚至携带着蜂箱“追花”，哪里开花就去哪里采蜜。对于蜂农的选择，我们无可厚非，但是在这100年的时间里，西方蜜蜂已经完全“占据”了中国，相比之下，本土的中华蜜蜂的分布则被挤压到了边缘地带。

虽然说西方蜜蜂有着更强的产蜜能力，但它们难以应对例如胡蜂、蜂螨等问题；中华蜜蜂的保护，一方面可以增强蜜蜂族群间的群体免疫，另一方面则可以作为一个优秀的基因种源用于蜜蜂的品种改良。随着我们对自然的认知加深，我们更应该认识到，每一种生物的存在，既有眼前的利益，也有背后对于人类、对于世界的无穷价值。

寄生蜂

——以虫治虫

害虫与益虫

农业是人类赖以生存的第一产业，农业种植的规模化，带来了产量和管理上的优势，但植被的单一和天敌的缺失，也更容易引发病虫害。在一个健康的生态系统中，同种植物的分布密度不会太高，它们会尽量扩散生长，同时其他植物也会快速抢占它们夹缝中的空间，因此很少有成片的单一植被。这种生态系统下，即便一棵植物生病长虫，也不容易进行传播，不会造成大面积的危害。再加上生态环境中藏匿的鸟类、爬行动物、蛙类等，可以有效地控制害虫数量。因此在自然环境中，很少会有成片的病害植物。相比之下，规模化种植的农作物的间距很小，人类的生活又影响了天敌动物的出没，使得农业生态系统非常脆弱，很容易在病虫害之下覆灭。

为了应对病虫害，我们使用了很多手段，例如降低种植密度，多种植物相间种植，及时处理病虫害植株，等等，但最有效的，还得数农药。可以肯定的是，农药对害虫的杀伤力是十分显著的，但它给人带来的危害却潜移默化且后患无穷。著名农药DDT被使用20年之后，人们才发现它不会自然降解，而是会在动物体内一直存在，最终导致动物死亡，甚至会影响人类的身体健康，在20世纪70年代后被多个国家禁止使用。

在有了DDT这个前车之鉴后，我们应对虫害选用化学农药要谨慎得多，但我们还是希望能有一种更加安全的方式，利用自然界生物之间天然的敌对关系，选择一种生物，来有针对性地消灭害虫，这就是生物防治。这是一种“借力打力”的妙招，而在科学管理下，这种手段既可以减少化学农药的使用，也可以更加持久地对害虫进行控制。

通常来讲，人类会将破坏植物的昆虫称作“害虫”，而将吃害虫的昆虫称作“益虫”，但害虫和益虫的概念实际上都是针对人类而言的，在一个健康的生态系统中，每一种生物的存在都是合理的，没有好坏之分。但随着人类生活领域的扩大，我们占据的自然空间越来越多，因此需要更多的益虫来帮助我们消灭害虫。而在众多的益虫中，寄生蜂是人类最好的伙伴之一。

寄宿虫身，生生不息

寄生是一种独特的生物关系，指一种生物生活在另一种生物的体内或者体表，并从后者那里摄取养分以维持自己生存的现象。许多人听到“寄生”一词都会觉得毛骨悚然，因为我们害怕虱子，害怕肚子里的蛔虫，更害怕各种寄生虫控制宿主的恐怖故事。但实际上，寄生是一种非常普遍的现象，而且绝大多数时候，寄生者为了延长自己的存活时间，并不会杀死宿主。当然，寄生的本质还是一种捕食行为，宿主肯定会受到伤害，特别是当寄生者的数量不受控制时，宿主是可能因营养不良而死亡的。

膜翅目有许多科的蜂，是专营寄生生活的，为了方便，我们将其统称为寄生蜂。这些寄生蜂在如今的农林生物防治中发挥了非常重要的作用，这得益于它们特有的几大优势：

（1）拟寄生：寄生蜂以拟寄生的方式存在，意味着它们会把害虫杀死来完成自己的寄生行为，因此寄生蜂对害虫来说是致命的。

（2）专性寄生：很多寄生蜂对宿主非常挑剔，只寄生单一的或者少数几种宿主。利用寄生蜂进行生物防治，不用担心对环境中的其他昆虫造成伤害，同时也可以确保对症下“蜂”，蜂到虫除。

（3）生物安全：寄生蜂通常个体很小，而且寿命短，因此寄生蜂很难发生逃逸，对农业以外的大自然几乎不产生危害。虽然这样会增加防治成本，但是它的风险更加可控。

寄生蜂妈妈会很认真地为自己的后代挑选一个合适的“家”，它们有着长长的产卵管，可以刺进猎物的皮肤，在猎物体内产卵。这些卵可以非常安全地孵化，而寄生蜂宝宝们，则会慢慢啃食猎物的身体。宿主往往会被寄生蜂的信息素麻痹，变得比健康的虫子更加贪吃，体型也更大。更有甚者，有些宿主就像被控制的僵尸一样，在寄生蜂钻出它们的身体时，它们还会化作保卫者，直到寄生蜂安全离开。从被产卵那一刻起，宿主就注定与正常生活分道扬镳了，但它们履行了另一个独特的使命：用自己的躯体和一生，去养育和守护萍水相逢的寄生蜂。

克隆军团，行尸走肉

蚜虫是一类个体较小但危害巨大的害虫，它们有着针头一样的嘴巴，扎进植物体内吸取植物营养。表面上看植物好像没有破损，但是营养不良的植物很难健康成长。而且蚜虫还有个非常厉害的技能——繁殖能力特别强。昆虫的繁殖能力通常都很强，但蚜虫更强！绝大多数昆虫需要产卵，但是蚜虫把这步都省略了，它的卵在妈妈肚子中就已经开始孵化，等生下来的时候，已经是一只小蚜虫，生下来马上就可以为害植物。而且蚜虫生宝宝，是不需要蚜虫爸爸的，蚜虫妈妈将自己克隆出了一个宝宝，这种生殖方式叫作孤雌生殖。更厉害的在于，当蚜虫女儿还在妈妈肚子中的时候，它已经开始怀上第三代的孙女了。于是，当蚜虫找到一棵适合的植物，它可以在很短时间内迅速扩散种群，布满整棵植物，给植物带来严重的危害。

面对这个小巧能生的克隆军团，传统的粘虫板或者普通农药完全无法对它们造成实质性伤害。所幸，我们有一个专门克制它们的帮手——蚜茧蜂。蚜茧蜂成虫与普通蜂差别不大，但它们却有着独一无二的“童年回忆”。蚜茧蜂妈妈在准备产卵的时候，会来到蚜虫聚集的地方，它的腹部很长，而且具有很强的柔韧性，经过短暂地瞄准，迅速把产卵针扎进蚜虫身体并且产卵，整个过程只需要 0.1 秒的时间。通常来说，一只蚜虫只够喂饱一只蚜茧蜂幼虫，因此蚜茧蜂妈妈会不断寻找健康的蚜虫，播撒自己的后代。

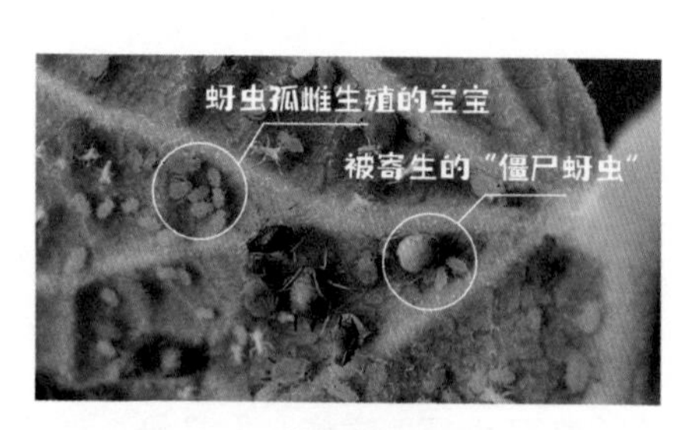

蚜虫的孤雌生殖

被寄生的蚜虫，早期并没有症状，但随着蚜茧蜂孵化与长大，蚜虫开始变得不受控制了。首当其冲的是蚜虫的生殖能力，由于蚜茧蜂的胃口很大，蚜虫已经没有多余的能量来产子了，它们需要一直吸收植物的汁液；然后，蚜虫会肉眼可见地变大，原本瘦长的蚜虫会变得圆滚滚的；最后当蚜茧蜂准备化蛹时，蚜虫已经只剩下一具空壳。这时，蚜茧蜂会将这具空壳当成自己的保护罩，在里面安心化蛹直到羽化成成虫。成虫会从蚜虫的背上咬开一个口子，从中钻出。被寄生的蚜虫依靠自己是没有办法摆脱的，只能接受命运，同时，它所做的一切不再是为了自己吃饱和繁衍，而都是为了肚子里的蚜茧蜂，如同行尸走肉，因此被寄生的蚜虫也被称为“僵蚜”。而蚜茧蜂也因为其优秀的繁殖速度以及对蚜虫高效的控制能力，成为最受青睐的蚜虫防治工具。

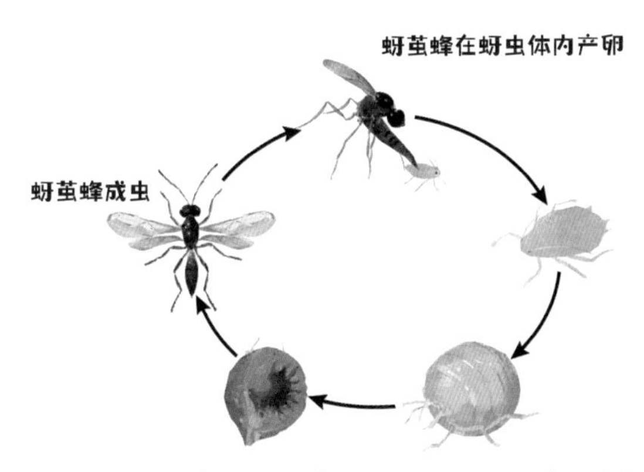

蚜茧蜂生活史

人工虫蛹，毛虫天敌

在北方的很多行道树上，能看到一种有趣的东西，它们像蚕茧一样，却更大更黑，被整整齐齐地用钉子钉在了树干上。有的人会觉得这是恶作剧；有的人会觉得这是害虫，“好心”地将其摘下；有的人会期待着它的破蛹成蝶，带回家却发现生出了无数的小黑虫。实际上，这是园林管理人员用来防治美国白蛾的天敌——周氏啮小蜂。

美国白蛾是鳞翅目灯蛾科的一种飞蛾，原产于北美洲，后来随着人类活动传入欧洲和亚洲。美国白蛾的幼虫食性广泛，它们可以危害多达 600 种农作物，特别是我们园林中种植的橡树、臭椿、悬铃木、桃树等。北方是美国白蛾的重灾区。而由于美国白蛾繁殖迅速，缺少天敌，普通的防治手段很难有效根治。这就需要用到生物防治的手段了。

周氏啮小蜂是中国林业科学研究院的杨忠岐研究员专门筛选与培养的，是针对美国白蛾的强势天敌。它们能够找到隐蔽起来的美国白蛾蛹，并将产卵器扎透蛹壳进行产卵，啮小蜂的卵在美国白蛾蛹中孵化后，开始取食美国白蛾，等啮小蜂长大飞出，美国白蛾的蛹已经成为空壳，无法再变成飞蛾。虽然啮小蜂不能控制美国白蛾的幼虫生长，但是杜绝了成虫的产生，也就控制了美国白蛾的繁殖。而由于啮小蜂的专性寄生，随着环境中美国白蛾数量的减少，它们自己也会死亡，不会危害其他生物。

那么怎么保证周氏啮小蜂的数量呢？选一个足够大的蛹！于是科学家们盯上了柞蚕蛹，一个孕蜂在一个柞蚕蛹中可以释放5 000只啮小蜂！而柞蚕饲养简单，在每棵树上都钉上一个不在话下。柞蚕奉献了自己，但它们“培养”的周氏啮小蜂使得美国白蛾“断子绝孙”，保护了植物，更保护了人类的生活环境，功不可没。

寄生蜂的种类还有很多，它们在农林上的应用也非常广泛，虽然我们平时很难看到它们，但或许我们能看见的和使用的很多东西，都是在它们的保护之下才拥有的。这种以虫治虫的方式无疑比化学农药更加环保，而这种生态友好型的人与自然关系，也值得我们花更多时间去研究与维持。

蟑螂

——人见人怕的害虫之王

昆虫大王的克星

昆虫学家好像是一群天不怕地不怕的人，在科考过程中，对那些有毒的有攻击性的生物不屑一顾，甚至还主动去挑逗它们，斗蝎子、刨蜈蚣、摸毛虫，如同森林里的大王一样。但即便胆大如此，却也有克星，而这个克星是一种再普通不过的虫子——蟑螂。虽说我已经学习昆虫学二十多年，但对蟑螂的恐惧却从来没有消退。当然我并不是所有蟑螂都怕，真正害怕的是生活在我国南方地区的美洲大蠊，它们的形象是我童年最可怕的回忆。小时候居住在平房，卫生条件差，特别是厕所，印象中每到晚上夜深人静的时候，厕所里爬了满地的蟑螂，甚至在刚进门的时候，还会有些硕大的美洲大蠊掉到衣服中，随之而来的就是此起彼伏的尖叫声，这种视觉、触觉与听觉的三重刺激在我幼小的心灵中埋下了深深的恐惧。其实我很清楚蟑螂不会伤害我，但是它身躯丑陋黝黑，身上还有橙色斑纹，仿佛一双眼睛，加上极快的跑动速度，有时还会在屋里乱飞，这一切带来的压迫感与恐惧感令人久久不能忘怀，我内心对它的恐惧和厌恶至今仍然存在，以至于任何时候都会想尽办法远离它们。有趣的是这并不是个例，有一次我们在台湾科考时，原本其乐融融的灯诱布下，忽然飞来了一只巨大无比的蟑螂，如果那是一只甲虫，估计所有人都扑上去了，但当我下意识地默默退了一步才发现，身边其他的台湾昆虫学家也都走开了，原来大家对蟑螂都是一样的心情。我们就这样坐着聊了一个小时的天，看着蟑螂在布上爬来爬去；那一晚的采集收获很少，却收获了几个交心的朋友。我们都害怕蟑螂，但这种害怕并不妨碍我们喜欢昆虫、研究昆虫。

蟑螂的特点

蟑螂可怕吗？可怕！对绝大多数人来说，这是个不需要思考的问题，这种恐惧似乎是刻在记忆中的。在国际期刊《行为研究方法》（*Behavior Research Methods*）上有个有趣的研究，科学家们调查了人们在看到蜘蛛、毒蛇、蟑螂、老鼠四种动物后的反应，结果显示，人们对于蟑螂的负面情绪比蛇和蜘蛛还大，而且这种负面情绪至少包括了恐惧和厌恶两个方面。患有“蟑螂恐惧症”的人非常多，这或许由于蟑螂与人接触频繁，而且它们在人们的印象中，与污垢、细菌、疾病是紧密相关的；即便蟑螂并不会对人造成任何的物理伤害，它们的存在也足够让人觉得恶心甚至害怕。

作为一种没有任何攻击能力的昆虫，蟑螂在自然界中就是别人的盘中餐，因此它们选择了一种独特的生活方式——当一个躲躲藏藏的清道夫。而它们所进化出的每一项技能，却都变成了人类的噩梦。

不挑食

大多数蟑螂都是杂食性的，它们毫不挑食，菜、肉、动物尸体、粪便，它们都吃，甚至会分食一只苟延残喘的同类。强大的胃使得蟑螂不用担心食物来源，而进入到人类生活中的蟑螂，残羹剩饭对它们来说简直是天赐佳肴。即便没有食物，厨房和卫生间的下水道中的“食物”也足够它们坚持一段时间。而这种不卫生的生活习惯，使得蟑螂身上携带了非常多的细菌，这些细菌又会在它们活动的时候被传播到环境中，甚至食物上。

身体扁平，体色偏黑

扁平的身体非常利于蟑螂在石缝、落叶堆中活动。而为了保证自己的安全，它们更倾向于在晚上出没，以此躲避多数的捕食者，并且选择了深色以方便在黑夜中隐藏。可这些特点到了人类环境中，却使得它可以轻易地躲藏在各种杂物、家具缝隙中，难以寻找、难以彻底消灭。

强大的感知能力

蟑螂拥有两根长长的触角，可以感知到空气流动和温湿度的细微变化，这是它们感知周围环境的重要方式。此外，它们腹部有两根尾须，腿上也长了许多毛刺，这对于它们探测背后的敌人有至关重要的作用。因此，即便蟑螂背对着我们，它也能感知我们的一举一动，在我们靠近时逃之夭夭。甚至于说，蟑螂在逃跑的时候，可能它的大脑还没反应过来，身体已经躲到了安全的地方。

会飞

通常来说蟑螂不会飞，飞行不符合它们低调的生活习惯，但在遭遇危险的时候，飞行是一个非常快速的逃跑方式。原本就吓人的蟑螂，飞起来体积大了两三倍，显得更加可怕。

顽强的生命力

蟑螂食物来源广，但也不稳定，能不能吃饱吃好全凭运气，特别是在食物匮乏的季节，几天不吃不喝是常态，因此蟑螂锻炼出了超强的忍受力。在完全没有食物的情况下，蟑螂可以存活两三个月，不喝水也可以存活半个月到一个月。此外，蟑螂可以忍受一定的低温，只要不低于零下 5℃，蟑螂即便被冻住了，也能在冰化的时候复活！最可怕的是，蟑螂即便丢了脑袋，也能存活一周左右！

在电影《唐伯虎点秋香》中，有个片段把蟑螂称为“小强”，原本是一种戏谑，但因为“小强”这个名字巧妙地体现了蟑螂生命力极其顽强的特点，渐渐成了蟑螂的代名词，蟑螂也有了“打不死的小强”的称号。

美洲大蠊的形态

1 亿年前的蟑螂琥珀

这些特点与习性，虽然令人讨厌，却是蟑螂在 3 亿多年的时间中选择的最佳策略。在 1 亿年前的白垩纪时期的蟑螂跟现在的蟑螂长相已经非常相近了，同时期的地球霸主恐龙在 6 500 万年前的一场灾难中尽数灭绝，而小小的蟑螂却存活到了现在，甚至在人类的“帮助”下发扬壮大，成了下水道霸主之一。

蟑螂的繁殖

蟑螂是一种喜欢群居的昆虫，如果你在家中看到了一只蟑螂，就说明还有更多，而且不确定它们藏在哪些地方搞破坏，甚至不确定它们是不是已经污染了我们的食物。蟑螂的治理非常令人头疼，它们有着超强的繁殖能力，一只蟑螂一年的后代数量可达几十万只！蟑螂选择了一种被称为“R 选择”的繁殖策略，通过产生大量的后代来保证种群的繁衍，但其中只有少量后代能存活到成年。

大部分蟑螂是通过产卵来繁殖后代的，但雌虫会用特殊的胶质囊将卵包围，整体形成一个卵鞘，卵鞘为后代提供了多一层保护，能更好地防水防天敌，最重要的是能够防毒！卵鞘中的卵是不受杀虫剂影响的，这种技能也阴差阳错为蟑螂在人类环境中的生存提供了保障。一个卵鞘中通常会包括几十个卵，雌性蟑螂在交配 1~2 次之后，一生都可以不断繁殖，产生多达 90 个卵鞘。有的蟑螂会把卵鞘产在缝隙中隐藏起来，而有的蟑螂则会带着卵鞘活动直到后代孵化，在遇到危险时，它们会迅速将卵鞘整体产出，然后自己去吸引天敌的注意力，从而保证后代的存活。在携带卵鞘的雌虫死亡，但是卵鞘没有被完全破坏的情况下，卵鞘中的幼虫是可以正常发育并最终孵化的，因此有可能出现“蟑螂尸体生宝宝”的恐怖现象。

德国小蠊和它携带的卵鞘

在蟑螂家族中，也有选择了不一样策略的太平洋折翅蠊，它们不再产生大量的后代，而是精心照顾少数的幼虫。它们的卵会在母体内孵化，并在母体内存活一段时间，这时候雌虫会分泌一些蛋白质给幼虫提供营养，就好像是在哺乳一样。这种繁殖方式为卵胎生，而这种后代少但成活率高的繁殖策略为“K 选择”。但不管怎么说，蟑螂宝宝在出生之后就只能依靠自己了，虽然有着一身本领，但在危机四伏的环境中，真正能长大的其实屈指可数。

漂洋过海的蟑螂

蟑螂是什么时候走进人类生活的呢？比起蟋蟀、蝴蝶、蜂这些“主流”昆虫来说，蟑螂在中国古代文学中的记录寥寥无几，而更多地出现在药书之中。蟑螂是蜚蠊目昆虫的统称，而它们在古文中的记录也有着各种别名。在最早的汉语词典《尔雅》中，出现了“蜚”字，书中解释为“蠦蜰”（lú féi），注释为负盘、臭虫。汉朝时的《神农本草经》描述“蜚蠊，味咸，寒”。宋代的蟋蟀宰相贾似道写过一首描述蟑螂的绝句《论蟑螂形》，说蟑螂的外形是“易名宽翅号蟑螂，翅阔头尖牙用长”。而在明代《本草纲目》中，李时珍也记录了石姜、香娘子、滑虫等蜚蠊的别名。总而言之，彼时的蟑螂并不是一个“名扬四海”的害虫，没有统一的称呼，古人对它们仿佛也并不排斥，甚至还有很多药方运用。

在现代社会中，国内最出名的两种蟑螂，一为美洲大蠊，一为德国小蠊，从名字就能看出这二者都是外来入侵物种。美洲大蠊喜温喜湿，最喜欢下水道环境，主要分布在南方，是最大型的家居蟑螂；德国小蠊体型小很多，更能忍受干燥和低温，主要分布在北方。美洲大蠊原产于非洲，在 17 世纪的大航海时代，经由船只漂泊到美洲，在没有天敌的环境中大肆生长传播。而 19 世纪后，由于晚清的腐败中国被迫开放国门，美洲大蠊也开始侵入了中国南方并在此定居。土生土长的蟑螂其实并不适应人类的居所，它们更喜欢生活在自然环境中，几千年的时间也没和人发生太多的摩擦，而远道而来的美洲大蠊却找到了它们最喜欢的环境，在排污管道中开始了自己的种族繁衍。美洲大蠊体型大，跑得快，能飞，还不好消灭，或许我们对于蟑螂的恐惧和厌恶，就是由它引发的。

蟑螂的价值

蟑螂本身没有危险，但它们的生活环境导致它们身上携带了大量细菌，特别是在卫生条件差的地方，蟑螂的存在加速了病原菌的传播，为人类带来了疾病。但各类药书中的记录，或许暗示了蟑螂对人类来说也有可用的价值。

自然界中的蟑螂是重要的分解者之一，相比起其他动物，蟑螂作为清道夫，负责处理尸体、粪便、垃圾等，完善了自然界的物质和能量循环，有着非常重要的价值。而随着蜥蜴、青蛙等异宠宠物的流行，蟑螂作为好饲养、高蛋白的昆虫饲料，也开始有了很好的市场。当然，异宠非常宝贵，它们吃的蟑螂是需要专门饲养的杜比亚蟑螂和樱桃红蟑螂，这两种蟑螂需要比较干净的环境，而且即便不小心逃逸了，它们也不会泛滥。即便是人见人恨的美洲大蠊，用对了地方也是益虫。随着城市生活水平的提高，厨余垃圾的处理成了一个难题，掩埋、堆肥、发酵都需要耗费大量的空间与时间，并且还会带来难以处理的气味和卫生问题。而面对这些棘手的残羹剩饭，美洲大蠊或许能发挥不小的作用。美洲大蠊繁殖迅速，饲养简单，最关键是它不挑食，能耐受高油脂和腐败的食物，并且从小到大都吃，处理厨余垃圾简直是为它们专门定制的工作。一座占地 6 000 平方米的工厂，可以饲养 300 吨约 10 亿只蟑螂，这些蟑螂一天就可以处理掉大约 50 万人产生的厨余垃圾，比其他方式高效得多。而这些蟑螂在完成任务“寿终正寝”后，通过无害化的处理可以制备成蛋白质粉，作为饲料添加剂使用，而蟑螂产生的排泄物也可以制备肥料。

在中医中，蟑螂似乎可以治疗许多疾病，且不说古书中记载的疗效是否准确，即便在现代医学中，也有利用蟑螂的，并且用的正是最吓人的美洲大蠊。在蟑螂的提取物中，科学家们分离出了许多有疗效的化合物，例如抗癌和治疗哮喘的成分，当然这些还停留在科研阶段。但由美洲大蠊干虫制备提取的康复新液，则已经在胃部出血、表皮创口等疾病治疗上运用。在美洲大蠊的提取物中，含有一种促进表皮生长的因子，这种成分能够促进人体上皮细胞的生长，对于伤口的修复有很好的疗效。此外，还有一种美洲大蠊提取物牙膏，在刷牙的时候能对口腔黏膜进行保护，预防口腔溃疡等疾病。当然，在使用这些产品的时候，不必觉得恶心，所有药物和产品的制备都是极其严格的，而且制备的第一步，就是把美洲大蠊彻底地粉碎。

蜚蠊目昆虫全世界约有 5 000 种，我们所讨厌的蟑螂只是其中的极少部分，无论我们喜欢与否，这些存在了 3 亿年的前辈，都在用它们自己的方式，努力地生活在每一个角落里，等着我们去发现它们的价值。

专题
昆虫的奇妙用处

人们很容易觉得昆虫就是一些吓人的、恶心的、讨厌的小动物，但实际上它们已经渗透到了我们衣食住行的每个方面。当然，并不是说它们一直生活在我们周围，而是人类通过自己的智慧，发掘出了昆虫的价值并以之为我们的生活增添光彩。

蚕和蜜蜂是陪伴人类最久的昆虫，寄生蜂和蟑螂也随着生态和科技的发展与人为伴。除了它们，还有许多小虫子，有的其貌不扬，有的随处可见，但它们或者改变了人们的生活方式，或者拯救了一个人，甚至拯救了一个国家，还有的成为破案定罪的关键佐证。

蚜虫——五倍子蚜

在盐麸木植物上生长着一种特殊的结构，似果非果，打开之后布满小虫，古代医学家认为这是树生异果，将其应用于中药，称为“五倍子”。直到明代的李时珍通过细致的观察，发现“五六月有小虫如蚁，食其汁，老则遗种，结小球于叶间”，并正式将五倍子归入《本草纲目》的虫部中。五倍子中的小虫是五倍子蚜，属于半翅目胸喙亚目瘿绵蚜科的昆虫。蚜虫长着如同针头的嘴巴，为刺吸式口器，它们专门吸收植物汁液，从中获取糖分、水分等维生。当蚜虫寻找到了一个寄生植物后，通常不会换地方，它们中的一部分甚至连翅膀都废弃掉了，完全就是一副“好吃懒做”的样子。但没有防御能力也没有办法逃跑的蚜虫，很容易成为别的动物的猎物，因此它们需要一个保护自己的手段，例如一座“房子”，即虫瘿。五倍子蚜在吸收植物汁液的同时，会向植物体内分泌包含了类植物激素的唾液，刺激植物细胞异常增生，慢慢地凸起直到最后形成一个角倍，并将自己包裹在其中。角倍中的蚜虫继续生长繁殖，角倍也慢慢长大，最后形成一个成熟的虫瘿。

自“神农尝百草”以来，中医五千年的发展中收录了许多自然中药，昆虫也是一个重要来源，在《本草纲目》中，有四卷内容专门介绍“虫部”，蟋蟀、蟑螂、蛴螬等都在其中。

白蜡虫——点亮黑暗

白蜡虫是一种介壳虫，属于半翅目胸喙亚目蚧总科的昆虫。介壳虫与蚜虫类似，体型小，吸收植物汁液，有些介壳虫体形更扁，并且特化成硬壳，因而得名。白蜡虫的雌虫会在树干上一直生活，它们甚至把腿也放弃了，用一个硬壳把自己牢牢地保护起来，从此不再动。白蜡虫的雄虫则正常发育，成年后去寻找雌虫交配。雄虫不能选择雌虫一样的方式，因此在它们小的时候，会分泌大量蜡丝覆盖在自己身体表面甚至周围，把树枝完全包裹起来，这层蜡丝可以帮助它们躲藏，同时蜡的味道会让其他捕食者对它们失去兴趣。这层厚厚的蜡丝，收集后可制成虫白蜡，由于主要在我国出产，也称中国蜡。虫白蜡有药用价值，也可以用于给家具、设备、汽车等打蜡。而在很长一段历史中，虫白蜡也是照亮黑暗的明灯。

在电灯泡发明之前，蜡烛是夜晚最主要的照明工具。在最早的时候，有来自动物脂肪的膏烛，有来自植物种子油的麻烛、瓠烛，或者由蜂蜡制成的蜜烛，其中以蜜蜡制成的蜜烛最为珍贵。魏晋之后制烛材料增加，还出现了动物脂肪混合蜂蜡制成的“假蜡烛”。直到宋元时代才有了对白蜡虫养殖采收的记载。由于白蜡虫养殖简单，产蜡量高，加上制蜡工艺的发展，蜡烛开始了全面普及。虽然在蜡烛的历史上一直都有其他的竞品，而且现代的蜡烛则基本完全由石油中提炼的石蜡制成，但从“蜡”字的虫字旁也足见蜜蜡、虫白蜡在蜡烛界的地位之高。

虫白蜡

胭脂虫——浓妆淡抹

胭脂虫也是一种介壳虫，它们生活在仙人掌上，吸收仙人掌中的汁液。胭脂虫在吸收仙人掌汁液后，会把多余的糖分和水分排出体外，即为蜜露。由于仙人掌中含有较多的甜菜红素，胭脂虫排出的蜜露也呈红色。此外，胭脂虫的若虫和雌虫不爱动，身上会分泌少量蜡粉把自己隐藏起来，蜡粉混合蜜蜡形成的“湿蜡”，为胭脂虫提供了保护。而在胭脂虫的体内，有另一种更为特殊的红色素——胭脂红酸，将其进一步提纯可以获得胭脂虫红色素，这是一种非常稳定并且抗氧化的天然色素。两千年前北美洲的原住民最早发现了仙人掌上的小虫子会“流血”，开始将其用于绘画，并随着航路的开发传播到世界各地。

爱美之心人皆有之，古老的苏美尔文明、古埃及文明都有用彩色矿石粉化妆的记录，而中国古人使用唇脂的记录最早也可以追溯到先秦时期。早期的胭脂主要取材于红土、朱砂岩、植物花瓣等，其中许多成分含有重金属，对人体有较大的毒副作用。19 世纪之后，人工色素的诞生大幅度推动了化妆品产业的发展，并取代矿石材料成为主流。而到了 20 世纪，随着对人工色素的抵制，人们又把目光聚焦回更加安全更加天然的胭脂虫红上，胭脂虫红也成了现在最常用的化妆品原料之一。

作为一种寄生在仙人掌上的小虫，胭脂虫红的产量一直不高，在 17 世纪的殖民地时期，胭脂虫红染制的衣物是贵族身份的象征，生产和出口受到了严格控制。现在的胭脂虫养殖已经是一个很大的产业，虽然我们并不常看见它，但从衣服到化妆品，甚至到食品，它的这抹鲜红已经存在于我们的生活中。

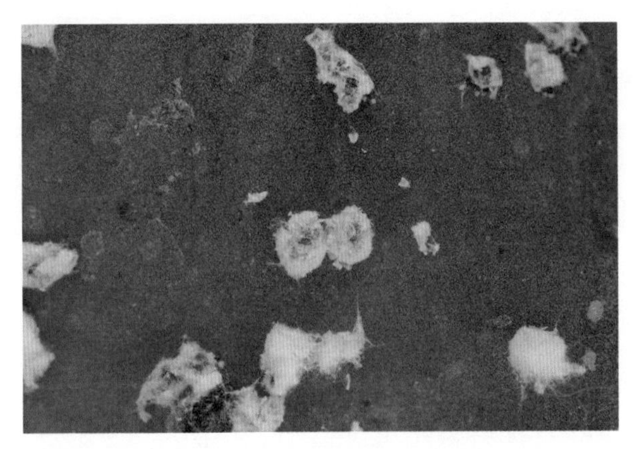

胭脂虫

口红

紫胶虫——增加光彩

介壳虫家族中的紫胶虫，是南亚热带特有的昆虫，雌虫通过腺体分泌大量的胶质树脂把自己包裹起来形成保护层。在西晋时《吴录》一书已经记载了紫铆（紫胶）由虫产生，其他的古文献也说明人们对紫胶虫的认识是比较准确的。紫胶虫的人工放养也是自古有之，可见人们早就认识到了它的作用，并发掘了紫胶的价值。紫胶在采收时，胶及虫同步采下，再通过一系列加工提炼出干净的成品。

紫胶是一种特殊的天然树脂，有黏着力强、色泽鲜亮、防水等特性，可运用于黏合剂、清漆、防水层中。听起来很遥远，其实生活中很多物品上都有紫胶的存在。(1) 最早的音乐是刻录在黑胶唱片中的，而第一代黑胶唱片就是虫胶制作的;(2) 汽车、家具、乐器表面的漆面，常通过添加紫胶来增加光泽度;(3) 指甲油中添加紫胶可以增加光泽度;(4) 在水果表面涂抹紫胶可以减缓水果水分流失以及阻挡细菌进入，增加水果的保鲜时间;(5) 巧克力表面涂抹紫胶可以防止受潮，增加光泽度。总的来说，紫胶虽然是昆虫产生的，但却是一种安全、卫生的天然油脂树脂材料。

以上四种昆虫都属于半翅目胸喙亚目，都是利用刺吸式口器吸收植物汁液生活。由于取食方式的独特性，它们大多选择了定居，不再轻易移动，而它们分泌的蜡丝、胶质，或者利用植物形成虫瘿等，都是保护自己的方式，却没承想反而被更聪明的人类利用了。但换个角度，人类为了获取更多的价值，也会为这些小虫找到最适合生存的地方，帮助它们繁衍后代，也会驱赶它们的天敌，对它们来说，这其实也是一件好事。

蜣螂——拯救澳大利亚

澳大利亚有着特殊的生物类群，但却没有我们熟知的牛羊马等动物。1788年，澳大利亚首次引进了 5 头奶牛和 2 头公牛，并在之后的 100 多年间，不断地繁衍与引进，到了 19 世纪末期，种群数量已经达到了 4 500 万头。牛群为人们带来了鲜肉、牛奶等优质的蛋白质，但按一头牛一天排便 10 次来算，每天超 4 亿坨的牛粪对澳大利亚的草原来说也是一个极难处理的问题。通常情况下，动物粪便会有其他的分解者负责处理，其中屎壳郎是处理粪便的好手，但澳大利亚本土的屎壳郎没见过牛粪，也不喜欢牛粪，这就导致了牛粪大量堆积，进而导致了蚊蝇滋生、草原秃斑等问题。为此，1965—1985 年，澳大利亚从世界各地专门引进了 23 种蜣螂，用来处理澳洲草原上各种外来动物的粪便，其中效率最高的是产自中国的神农洁蜣螂。这些蜣螂会在动物粪便还新鲜的时候就将其分割，并运输到提前挖好的地洞中用来养育幼虫。由于蜣螂有着极高的效率，两天内就能清理完地表的粪便，并且它们还会为粪便做除菌处理，抑制蝇卵和细菌的发育。其实不只是澳大利亚，任何一个国家和地区的动物粪便，都会有对应的昆虫或小动物在干着清洁工的活。屎壳郎虽然是一种不起眼的甚至招人嫌的小虫，但它们在拯救草原上却是功不可没的大英雄。直到现在，澳大利亚政府仍然每年都在引进屎壳郎，并且有专门的屎壳郎生态工程师来选择新的屎壳郎进行投放和监测。

蝇蛆——断案与治病

苍蝇是我们最熟悉的昆虫之一，它们最喜欢在残食、垃圾、粪便中生活，虽然没有对人造成直接危害，却会传播多种细菌、病毒，带来严重的卫生风险。苍蝇小时候无足无头，称为蛆，食腐食粪，只能蠕动行进，非常恶心。但即便是这样的昆虫，也有着令人意想不到的大作用。

苍蝇大侦探

自古以来，命案都是非常重要的刑事案件，战国时期就设有专门的验尸官，汉代之后验尸技术已经非常成熟。相比起现代法医学，古代的验尸能借助的检验手段非常有限，更多的是依靠验尸官的经验，其中就包括了对苍蝇的观察。苍蝇喜欢腐肉，对血腥味敏感，因而尸体上总有苍蝇盘飞。宋代《折狱龟鉴》中记载，有一尸体被火烧焦，但苍蝇聚集在尸体头上，查验尸体后发现头部有铁钉，是死于人为。南宋《洗冤集录注评》中记载，有一死者死于镰刀，官员命令收缴全村的镰刀，摆在盛夏的庭院之中，其中一把镰刀上齐聚苍蝇，这些苍蝇都被镰刀上的血腥味吸引，凶手见状只好认罪。即便到了当代，也有专门的法医昆虫学的学科，对尸体上可能出现的昆虫进行研究，掌握它们的发生时间、取食偏好、生命周期等规律，之后通过尸体上的昆虫情况来推断死亡时间、地点甚至是死亡原因。苍蝇已经成为法医们的侦探伙伴。

蝇蛆疗法

一战期间，有许多士兵受伤后伤口无法及时包扎，被丝光绿蝇乘虚而入产卵，长出了蛆虫。伤兵一开始会清理蛆虫，但蛆虫数量实在太多，后来就干脆放任不管。结果，长了蛆虫的伤口非但没有感染，反而逐渐愈合了，甚至比包扎的地方生长得还好。法国军医史蒂文森·贝尔在详细记录了这个奇妙现象后，回国进行进一步的蝇蛆实验，发现这种丝光绿蝇的幼虫只会啃食腐肉，不会影响正常的身体组织，甚至它还会抑制细菌生长并促进伤口愈合。随着这个实验结果逐渐被医学界认可，蝇蛆疗法也被推广到越来越多的地方。

后来随着抗生素的发现和现代医学的发展，蝇蛆疗法已经被更安全高效的方法代替，但对于伤口难以愈合的糖尿病患者，或者不适合用麻醉药的患者来说，蝇蛆疗法在清理创口上有着其他疗法难以比拟的效果。

第四章

上下求索的自然科学

林奈

——生物分类学的鼻祖

博物学的起源

认知与学习是人类在大自然生存的必备技能，也成了刻在人类基因中的生存本能；人对自然的观察与记录也随着文明的出现而逐步发展。如果说数万年前的壁画只是人类有样学样的临摹，那么两千年前的文字记录毫无疑问宣告着博物学的诞生。17—18 世纪，博物学在欧洲迎来了最辉煌的时刻，这个时期出现了许多现代博物馆的雏形，也涌现出一批改变了博物学甚至改变了整个世界的著名博物学家。这一方面得益于文艺复兴后的思想解放，另一方面则是由于世界航路的开发和殖民时代频繁的物品交流带来的对认知的挑战。探险家和传教士们在游历世界的同时，也将其他地区的物品携带回国，进而又在社交圈中进行交易，慢慢出现了最早的一批收藏家，他们将自己的物品陈列出来，建立了私人的珍宝陈列室。随着收藏的增加，物品的类别也越来越多，从矿石、名画、古玩，慢慢地到文化产品、动植物活体和标本等等，陈列室也越来越大，并发展为后来的museum（博物馆）。在古希腊神话中，有9位muses（缪斯）女神分管不同的学术领域，museum则是供奉这9位女神的神殿，其中有各路信徒供奉的珍宝，确实与博物馆十分相似。早期的博物学是一门收藏的学科，一开始都是各自把玩，对于物品的名称和来源也无须在意；但随着收藏家以及藏品的增加，相互之间的交流也必不可少，此时很多问题就出现了，其中最麻烦的就是物品的名称。一方面，由于物品的名称都是收藏家起的，文学水平不一，起名方式也不规范，同物异名或同名异物的现象非常普遍，交流起来经常是驴唇不对马嘴；另一方面，东西越来越多之后，要起一个记得住的名字非常困难，一开始可以称一朵花为红花，后来可能是大红花小粉花，再后来需要说这是一朵红色的重瓣的边缘褶皱的清香的酒红色花，最夸张的时候，单单一个名字就超过了400个单词。因此，当时的博物学界亟须一个统一的命名法则来规范上万个藏品的名字。许多博物学家都做过尝试，但一直未有使用方便、易于普及的方案，直到林奈《自然系统》一书的出版，打开了博物学界的全新纪元。

林奈生平

卡尔·冯·林奈（Carl von Linné），瑞典生物学家，1707 年 5 月 23 日出生。林奈的父亲是一位乡村教师，他利用空闲时间打造了一个园艺花园，而这也在潜移默化中激发了林奈对植物的喜爱。林奈从小就对认识和收集植物情有独钟，在父亲的教导和锻炼下，认识的植物种类也越来越多。林奈的其他学业表现并不突出，唯独植物分类是强项，从小学到中学，大量时间都花费在了采集植物和阅读植物书籍上。大学时林奈正式学习了博物学以及标本制作的课程，并在毕业后的 1732 年，开始跟着探险队对瑞典北部拉普兰德地区进行野外考察，记录了 100 多种新植物。1735 年，林奈离开瑞典，在欧洲各国学习，并在荷兰取得了医学博士学位，其间他还出版了《自然系统》一书，书中首次提出以植物的繁殖器官进行分类的方法，并推广了动植物双名命名法规，而这两者直到今天仍然是植物分类的基石。

林奈的命名方法和分类体系，在发表之初并未产生一鸣惊人的效果，当时欧洲的博物学界有大量的分类体系存在，林奈的命名法遭到了不少人的批评，甚至有人认为他的方法过于做作。林奈分类体系的成功，一方面是体系本身通俗易懂、便于学习，另一方面则得益于林奈和他的学生不断地对该体系进行维护和宣传，最终得到了学界的广泛认可。林奈在他后半生的教学中，不断完善自己的学说，发表了180多篇（部）科学论著，其中《自然系统》一书开创了整个博物学的新纪元，《植物属》则可以说是第一部关于植物命名的法规。

林奈于1778年1月10日去世，享年70岁。1788年，伦敦建立了林奈协会，2007年是瑞典政府认证的“林奈”年。对于每一个喜欢自然科学、学习分类学的人来说，一定会在各种地方看见林奈的名字，虽然他发现的新物种并不算很多，但他的贡献已经影响了世界近300年，并将作为人类的宝贵财富不断地延续下去。

双名法

双名法是林奈的贡献中被提及最多的，按双名法命名的名字，称为学名，每一个物种都有一个唯一对应的学名，这个学名是全学界公认的名字，任何国家任何语言在进行专业交流的时候，使用学名就可以指代一个特点的物种。除了学名之外，其他所有的名字都是不正规的，例如“玉米”是一个公认的名字，但它也可以叫作苞米、棒子、maize、maize等等，而它的学名只有一个——“*Zea mays* L.”。

相比起其他的方式，双名法的核心是将所有生物的名称都压缩成两个单词，其中一个单词表示物种的从属关系，即属名，另一个单词表示物种的自身特征，即种加词。例如银杏的双名法名字“*Ginkgo biloba* L.”，“*Ginkgo*”是属名，代表它是银杏属的植物；“*biloba*”是种加词，意思是“二裂的”，指银杏叶片的特点；最后的“L.”是命名人的缩写，L. 是林奈名字的缩写，而由于林奈是最早的“L”开头命名人，只有他有资格用“L.”，其他人只能用更多字母的缩写或者全称。

林奈

银杏叶

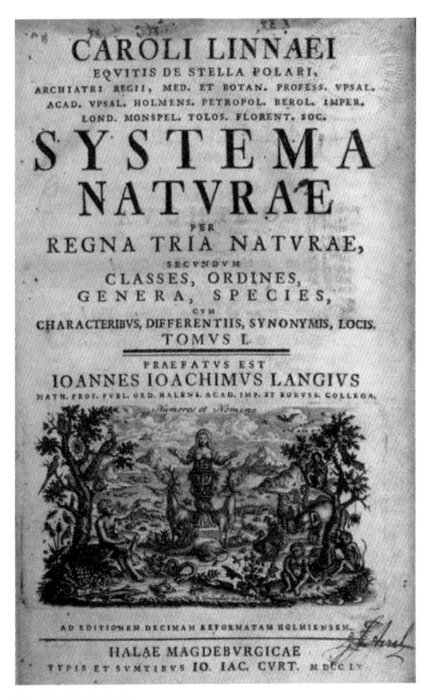
CAROLI LINNAEI
EQVITIS DE STELLA POLARI,
ARCHIATRI REGII, MED. ET BOTAN. PROFESS. VPSAL.
ACAD. VPSAL. HOLMENS. PETROPOL. BEROL. IMPER.
LOND. MONSPEL. TOLOS. FLORENT. SOC.
SYSTEMA
NATVRAE
PER
REGNA TRIA NATVRAE,
SECVNDVM
CLASSES, ORDINES,
GENERA, SPECIES,
CVM
CHARACTERIBVS, DIFFERENTIIS, SYNONYMIS, LOCIS.
TOMVS I.
PRAEFATVS EST
IOANNES IOACHIMVS LANGIVS
MATH. PROF. PVBL. ORD. HALENS. ACAD. IMP. ET BORVSS. COLLEGA.
AD EDITIONEM DECIMAM REFORMATAM HOLMIENSEM.
HALAE MAGDEBVRGICAE
TYPIS ET SVMTIBVS IO. IAC. CVRT. M DCC LX

《自然系统》封面

双名法中使用的语言，看起来像英文，其实是拉丁文。拉丁语原本是意大利中部的方言，随着罗马帝国的强盛广泛流传。拉丁文在欧洲流行了十几个世纪，在很大程度上影响了西方的语言体系，但随着罗马帝国的灭亡和各国的民族独立运动，拉丁文也逐渐衰落并被其他语言取代。现在拉丁文已经成为一门“死语言”了，没有了口头交流使用，拉丁文的学习成本更高，而且语言体系几乎不会再有变化，因此成了博物学界的“学术语言”，林奈推广双名法时，也规定了物种的命名要用拉丁文进行书写，对物种的描述也要使用拉丁文，避免出现语言改变导致描述不准确的情况，而在书写中则用斜体来将拉丁文与英语区分开。

林奈的贡献

推广双名法

对于林奈的贡献，双名法是提及最多的，但这实际上这并不是他原创发明的。早在古希腊时期，亚里士多德建立的动植物命名法规中就有双名法的雏形，现代双名法则是 17 世纪时让·鲍欣和加斯帕尔·鲍欣兄弟二人提出的。林奈非常善于学习和借鉴，他将拉丁文定为自然科学的“学术语言”，用双名法的方式来命名，同时明确地将古希腊人和古罗马人奉为“植物学之父”。

实际上，双名法虽然方便，但两个单词能描绘的信息实在是太少了，而林奈真正的贡献，是为双名法的成功所搭建的分类学体系。

自下而上的描述

在林奈之前，绝大多数博物学家在进行动植物分类时，所用的都是自上而下的分类方法：对所有物种进行比较，选出差异特征，将其分为若干小类；每一个小类中，继续选出差异特征再分类，直到最后区分出种。这种方式是最简单最好理解的，但是随着物种的增多，使用起来就很不方便，且分类过程有非常大的主观性，无法正确反映生物的亲缘关系。相比之下，林奈选用的方法，是自下而上的，他先选择一个物种，对它进行非常详细的描述，其他物种则跟这个描述进行比较，高度相似的则为同一个种，部分相似的则根据差异特征来进一步分类。而这个最开始描述并且被记载成拉丁学名的物种标本，则为模式标本。模式标本是分类学非常重要的材料，既能用来证明该种是独立物种，也能用来与其他可能的新种进行比较。有个有趣的情况是，“人类”在林奈的《自然系统》一书中学名为 *Homo sapiens* L.，也就是说，人类是有模式标本的。我们推测林奈在描述智人种的时候肯定观察过自己，那么智人的模式标本，其实正是林奈本人。

设立分类阶元

为了更好地反映不同物种之间的关系，林奈设立了一套分类体系，他首先把大自然中的物种分为矿物界、植物界和动物界，在动植物界中，通过自下而上的方法，把相似的物种归为同种，把相似的种归为同属，同理形成了种→属→目→纲的分类阶元体系。而各分类阶元是有着严格的单线对应关系的，一个属名与前面的界、纲、目名一定是对应的，因此从本质上来说，林奈的双名法其实不止两个单词，只不过当说一个物种的学名“*Ginkgo biloba* L.”时，已经省略了前面的单词。在林奈之后，分类学家们又补充了“门”和“科”，共同形成了现代分类学中的“界门纲目科属种”7 个必要阶元。

如果说双名法是一片一片的叶子，分类阶元就是一棵树，每一片叶子生长的位置，都能找到它对应的树枝、树干。双名法只是最亮眼的璀璨成果，这棵树才是真正奠定了生物科学系统的最关键所在。

双名法和分类阶元的关系

博物学的发展与未来

林奈发表的第 1 版《自然系统》中收录了 8 800 种生物，其中甚至包括了龙、不死鸟等“悖理动物”，当然林奈斩钉截铁地否定了它们的存在。在不断增量的第 12 版《自然系统》中，林奈也慢慢完善了他的生物科学体系，但他也承认其中有些分类的依据过于“武断”，林奈相信上帝在创造万物时有着更精明的逻辑。短短两百年过去，拥有拉丁学名的物种已经从最初的 8 800 种扩增到现在的 100 万种，而这都得益于林奈的双名法和分类体系，促进了全球生物学家的研究交流。奇怪的是，在物种越来越多的同时，博物学却反而越来越“没落”，在 18 世纪之后，似乎很少再听见有知名的博物学家。实际上这并不代表着学科的倒退，而是代表着发展。随着自然科学的进步，现代的研究更倾向于精细化与深化，博物学所包含的内容实在太多，已经不适合作为一门研究的学科。目前最接近博物学的学科是传统分类学，但每一个学者也只是在自己的小领域中去发现新物种或研究物种的进化关系。

那博物学还有用吗？有用！博物学仍然是一门非常好的认知学科，飞禽走兽，花鸟鱼虫，知其名而识其趣，“仰观宇宙之大，俯察品类之盛，所以游目骋怀，信可乐也”。

达尔文

——美妙的进化篇章

上帝创造了万物吗?

在残酷的自然中，人类的个体力量非常弱小，在大多数动物面前都毫无胜算，彼时的团队协作也只局限在小的族群之中，无法影响整个人类的发展。后来较为聪明的人类支系开始了对未知力量的敬畏和崇拜，如对暴雨雷电、日月星辰，而这便是信仰。相同的信仰凝聚了零散的力量，也催生了真正的人类文明。在每一个文明的神话中，都有属于自己的造物主：古希腊的普罗米修斯取土造人，再由智慧女神雅典娜赋予灵魂；中华文明由盘古开天辟地，女娲捏土造人；而犹太人的《圣经·创世记》中，上帝用 6 天时间创造了万物，按自己的样子创造了人类，并将第 7 天定为休息日。这个创世假说也传承到了基督教，并成为流传最广泛的说法。在现代科学文明之前，上帝的存在是毋庸置疑的常识，封建统治者为了彰显自己地位的合理性，都会宣告权力由神明赋予：中国古代皇帝自称天子，代天掌管人间；而西方的则是君权神授，教会代替上帝授予君主皇权。因此，在中世纪西方的很多国家，教会的权力非常大，而作为教会之主的教皇拥有和君主同等甚至更高的实权。有意思的是，中世纪的教会也不只是管管杂务，它们拨款支持了许多的学校和学术研究活动，而当时的牧师需要专门修学，因此教会中汇聚了大量人才，林奈、牛顿等著名科学家，其实都是非常虔诚的基督教徒。牛顿认为上帝创造了完美的规则，他甚至根据《圣经》推断出了地球的年龄为 6 000 岁，而这也受到了基督徒们的“认可”。教会拨款的本意之一，是找到上帝存在的证据，但事与愿违，却促进了科学的诞生，而科学不断挑战着上帝的权威，并最终站在了宗教的对立面。

神创论学说中，有一个很重要的核心观点，是物种不变论。在宗教的解释中，上帝是完美的，上帝创造的每一个生物也都是完美的，因此生物不需要再发生改变，而人也是唯一的最高贵的物种。这几乎成了捍卫上帝的一种偏执，但事实上有许多科学家早就对此持有怀疑。在 18 世纪中叶，法国博物学家布封大胆推测动物来自同一个祖先，是不断随着地球环境的变化而演变成现在的多样性，并且他认为地球的年龄要远多于 6 000 年。但他后来迫于教会和舆论的压力，宣布放弃自己的观点。而另一位法国博物学家拉马克则要坚定得多，他认为生物是从简单向着复杂阶梯式升级，最终成为人类。拉马克还总结出了“用进废退”和“获得性遗传”假说，形成了自己的“拉马克主义”，他也是最早提出“物种可变”观点的科学家，具有极大影响力，被称为进化论的先驱。

对中世纪的人来说，反对上帝，一方面是离经叛道，另一方面则会面临教会的威胁甚至生命危险。博物学家们的研究，是可敬的尝试，他们无疑是那个时代的斗士，只可惜终究没能突破时代的枷锁。

叛逆的达尔文

达尔文，全名查尔斯·罗伯特·达尔文（Charles Robert Darwin），1809 年出生于英国。达尔文的祖父和父亲都是当地有名的医生，对他来说继承家业是一个体面而稳定的工作，但“不安分”的达尔文从小就无法静心学医，他更喜欢四处去收集各种动植物。16 岁时达尔文被送往爱丁堡大学学医，但他常常不务正业，后来父亲将他送到剑桥大学学习神学，希望他将来能成为一名尊贵的牧师，在保持博物学爱好的同时能守住家族的颜面。但在剑桥期间，达尔文对自然科学展现出了愈加浓厚的兴趣，以至于完全忽略了神学课程，并且在这期间他结识了当时著名的植物学家亨斯洛和著名地质学家席基威克，在他们的帮助下开始了植物学和地质学的系统学习。毕业后的达尔文，自然也对教会的工作不感兴趣，在老师亨斯洛的推荐下，他乘上了贝格尔号军舰，开启了他人生最重要的一次环球科学考察，也是唯一的一次科学考察。这五年的时间，他亲眼见到了不同地区的动植物差异，极大改变了他的世界观，他也在考察结束后萌生了进化论的思想。其实达尔文的祖父也曾有过进化论的思想，碍于医生的声誉不敢公开，或许达尔文正是在冥冥之中继承了祖父的思想，并结合了各进化论先驱的研究，将进化论推到了一个崭新的历史高度。

改变世界的一次环球考察

1831 年年底，一艘满载着冒险与希望的航船出发了。船长菲茨·罗伊带领尉官、医生、军官、水手共 84 人，外加若干随行科考人员，计划前往南美洲最南端的火地岛进行科学考察。其实英国政府组织这次航行，是为殖民扩张南美洲做准备，科学考察只是一个幌子。从人员配置可以看出来，作为科学考察最核心的科学家，只有达尔文一人，还是临时找的刚毕业的学生。但也就是这个学生，将全世界翻了个底朝天。

海上航行漫长而枯燥，达尔文在每次靠岸时，都近乎疯狂地采集动植物标本，之后在航行中对其进行分类研究。船舱里堆满了许多来不及妥善处理的标本，达尔文就终日陶醉在这个奇特的世界中。此行有一个非常重要的目的地，是南美洲的加拉帕戈斯群岛，后来也被称作达尔文岛。加拉帕戈斯群岛是火山岛，由 13 个小岛和 19 个岩礁组成。群岛距离南美洲陆地长达 1 000 多千米，小岛上的生物是怎么出现的呢？按照当时的理论，那肯定是上帝安排的。但达尔文发现，这里的岛屿靠得非常近，但相互之间的生物却没有交流，由于群岛上不同岛屿的生态环境存在区别，上面的生物也有着截然不同的形态，其中最明显的是象龟，湿润的高地岛上象龟更大，而干燥的低地岛上象龟更小。达尔文在此行中还采集了大量的地雀标本，后来他通过比对发现，不同岛屿上的地雀，由于食物的差别，喙的形态差异非常大，这些地雀就是后来著名的“达尔文雀族”。这些神奇的差异引发了达尔文的思考：如果上帝创造了万物，那上帝能否在这么短的时间内创造这么多微小的差异？抑或是否有必要为这么近距离的岛屿专门设计不一样的生物？达尔文开始思考，是不是生物自己转变成适应环境的样子的。这时候的他，已经开始构思进化论的雏形。

此行结束后，达尔文回国整理标本和数据，他自述道，于 1838 年偶然读了马尔萨斯的《人口论》一书，书中说，“人口按几何级数增长而生活资源只能按算术级数增长，所以不可避免地

达尔文

达尔文雀族

要导致饥馑、战争和疾病；呼吁采取果断措施，遏制人口出生率”。而书中的这些内容使达尔文立刻想到，生命也是一样，数量的增加必然导致竞争，而只有“适应环境的变种才会保存下来，不适的必归灭亡”，这便是后来的自然选择学说。

或许是造物弄人，或许科学的时代必将来临。谁也没想到，一个神学院毕业的学生，五年航行归来，却已是准备扛起反神学大旗的先锋。

《物种起源》

跟随贝格尔号的考察结束后，达尔文已经在学界声名远扬了，他采集的大量南美洲动植物标本，使得他成为令人尊敬的探险家和博物学家。同时，达尔文开始整理科考资料，撰写关于物种变化的笔记。此时进化论的思想已经在他的脑海中扎根，他非常笃定自己的学说是正确的，但他也清楚这个学说将会颠覆整个学术体系，所以他精益求精，想要将其打造得坚不可破。1844 年，达尔文着手撰写进化论的论文。在当时，有许多学者冒进地发表了自己不成熟的看法，引来学界的唾弃，达尔文也担心自己的学说无法撼动宗教的地位，只是跟自己的好友分享。直到 1858 年，一名年轻的学生华莱士，给达尔文寄来了一封信。当时华莱士正在马来群岛科考，他同样受到了《人口论》的启发，写了一篇论证生物随地理环境变化的论文，其中许多观点与达尔文的思想不谋而合。华莱士希望这个学说能得到达尔文的指点，却并不知道达尔文已经研究进化论 20 年。达尔文天性平和，他原本是计划在死后再将进化论的论文发表的，这样就可以避开争论了。收到信时他既惊喜又苦恼，但他的第一想法还是将发表进化论的风险和功劳让给华莱士。幸运的是，达尔文的好友查尔斯·莱尔和约瑟夫·道尔顿·胡克得知此事后，纷纷催促达尔文发表自己的学说，在他们的建议下，达尔文将自己的手稿浓缩成一篇论文，并与华莱士的论文一同在伦敦林奈学会上进行了宣读。第二年，《物种起源》面世，达尔文也成了真正的伟人，伟大到站在了上帝的对立面。达尔文和华莱士论文中的观点之一，是生物的变异受到了自然选择，自然选择学说于是被称为达尔文－华莱士学说。但华莱士却十分佩服达尔文对自然选择的理解之深刻、证据之充分，也认可《物种起源》给学界带来的颠覆。华莱士总是谦虚地让出荣誉，将自然选择理论称为“达尔文主义”，而这个称呼沿用至今。

《物种起源》的出版，是对思考物种和生命演变的学者的一次巨大鼓舞，同时也是对宗教界的巨大打击。书中的核心内容，是对上帝造物论的宣战，挑战了上帝的地位，而对当时的教会和统治者来说，如果上帝不存在，那么自己的统治也将变得荒诞且不合理，所以从该书出版开始，教会人士就大规模封杀和攻击达尔文，公开刊登了将达尔文画成猴子的漫画，以此来嘲笑他是“下等物种”。但从另一个角度，《物种起源》一经出版就立即售罄，许多学者深深被书中内容感染，自发成为达尔文主义的坚定捍卫者，其中就包括了托马斯·亨利·赫胥黎。1860 年初，在英国牛津大学自然史博物馆，被称为“达尔文的斗犬”的赫胥黎和牛津大主教围绕自然造物与上帝造物展开了激烈辩论。这场辩论会以进化论一派的胜利告终，达尔文和他的追随者们也在这一役后被历史铭记。

物竞天择，适者生存

自然选择学说到底是什么呢？晚清时严复翻译了赫胥黎的

《进化论与伦理学》，将其定名为《天演论》，书中将自然选择总结为“物竞天择，适者生存”。这种选择的过程，并不是由某种超自然力量干预的，而是生命只有以最合适的形态才能在相应的环境中生存下来。自然选择学说的基本观点是“过度繁殖、生存斗争、遗传变异、适者生存”，这个观点与《人口论》中的观点是高度契合的。在一个环境中，生命的指数级增长势必会导致资源的争夺，而生命在繁殖过程中产生了各种形式的变异，其中，适合在斗争环境中获益的变异最终保留了下来。

但想要更深入地了解自然选择学说的内核，还需要理解以下事情：

1. 生物的变异是没有方向的，可能向着好的方向变，也可能向着不好的方向变。
2. 其中优势变异会有更大的机会产生后代，后代也会携带这种优势变异，并不断地将变异遗传下去。
3. 进化不是个体的事，而是整个物种群体的事，只有整个群体都携带了这种优势变异，进化才有机会完成。
4. 适者生存其实是自然选择的结果，并不是生命自己去选择对的生活方式，而是只有对的方式才能存活下来。其实适者生存的本质是“不适者淘汰”，进化方向错误的个体无法存活、繁衍，最终被淘汰，错误的变异也没有留在群体中，于是整个群体完成了进化。

5. 自然选择需要有非常长的时间，至少是以万年为标尺。

在进化论的发展历程中，有一个非常著名的例子，那就是长颈鹿的脖子。长颈鹿与其他脊椎动物一样，都只拥有 7 节颈椎，但它的颈椎却延长数倍，形成了一个超长的脖子；为了给大脑供血，长颈鹿还拥有强大的心脏和超高的血压。对主要生长在稀树草原中的长颈鹿来说，长脖子使得它可以轻松地吃到其他动物够不到的树叶。拉马克主义的解释认为，早期是长颈鹿吃叶子时努力把脖子伸长，并把稍微长一点的脖子遗传给后代，每一代慢慢积累，最终形成了现在的长脖子。这显然不符合我们对进化的理解。而在自然选择学说的解释中，是长颈鹿祖先种群在变异过程中出现了长脖子、短脖子等各种各样的后代，其中长脖子的长颈鹿能吃到更多的树叶，也更容易存活下来，也有了更多的后代；短脖子的同类在竞争中处于劣势，慢慢被淘汰，最终存活下来的都是长脖子个体，从而完成了种群进化。

自然给动物带来的选择压力，包括生存选择和性选择两种。在生存压力下的物种，表现出了更强的适应能力，而在性压力下的物种，则往往拥有更多的繁殖机会。其中最典型的例子就是孔雀开屏，长而厚重的覆羽无法带来任何生存的优势，反而会带来危机，而雄孔雀就是用这种铤而走险的方式炫耀着自己的强大，有一种“我带着累赘也能存活”的豪气。有趣的是，2022 年发表在国际顶尖期刊《科学》上的一篇论文认为，长颈鹿的脖子可能是在性压力中选择出来的，更长的脖子会使得雄性长颈鹿在争斗时能更好地用头角去攻击对方。这其实是科学最大的魅力之一，它从来不会附庸权贵，也从来不会停下脚步。

长颈鹿与自然进化

孔雀开屏

一个好的学说，除了能解释已有的现象，还要能推测出一些暂未发现的内容。达尔文在 1862 年收到了一盆马达加斯加的彗星兰，这种兰花有接近 30 厘米的花距，而花蜜只在距的底部，在当时没有任何一种已知的昆虫有办法吸到这么深的花蜜，自然也就没有能给兰花传粉的昆虫。当时的达尔文根据对自然选择学说的理解，推测出有且只有一种天蛾，能完成传粉任务。而直到 40 年后的 1903 年，这种天蛾才真正被发现，此时达尔文已经逝世 20 年。这种天蛾也被称为“*praedicta*”（预言的意思）。预测天蛾，以及天蛾的出现，成为自然选择学说非常有力的证据：生命的性状无论多么不合理，都一定是最能适应它们所处环境的一种优势变异。

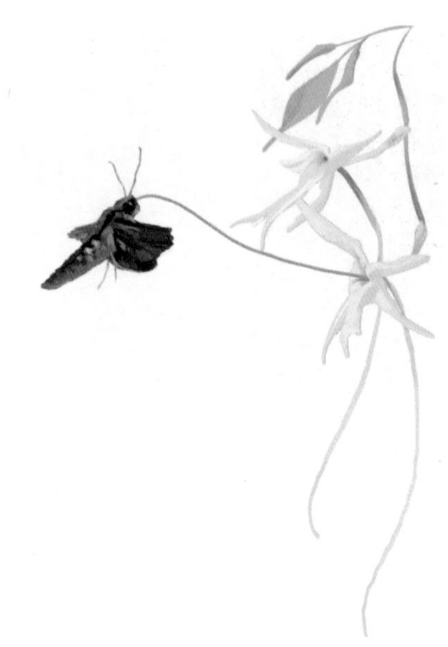

大彗星兰与非洲长喙天蛾

“进化”并非“进”化

“进化”的英文是“evolution”，它本来是胚胎学预成论的用词，在19世纪初被添加上了物种改变的含义，但它仍然带有“定向”“预设”的含义。达尔文在书中并没有使用过这个词，他认为自然选择是没有方向的，生命并不是必然从低等向着高等去变化，达尔文形容自然选择的变化是“带有改变的由来”，这种说法实在难以推广，慢慢地“evolution”也成了达尔文主义的核心代名词。严复的“天演论”一词其实是达尔文主义最好的翻译，但不知为何在历史中被埋没了。中文语系中已经习惯了将其称为进化论，近年来有许多学者认为“进”字带有方向性，应该改为“演化论”，但习惯已难改变，这也使得许多人在理解“进化论”时多了一层阻碍。我们很容易认为，生命会朝着好的方向去改变，无论是长颈鹿脖子变长还是孔雀变漂亮，似乎都是一些比较有利的变异。但实际上，真正的自然选择是没有方向的，长时间生活在地下的星鼻鼹视力极差，却可以靠神奇嗅觉找到猎物，而寄生虫几乎放弃了运动能力和感知能力，成为极端的“吸血者”。“进化”并非“进”化，自然选择是适者生存，而不是强者生存。

达尔文之后

1859年出版的《物种起源》，划分了进化论的新旧时代，书中论证了两个核心观点：（1）物种是可变的，生物是进化的；（2）自然选择是生物进化的动力。但达尔文主义并不是百分之百的正确，达尔文过度强调了生物的“渐进式”进化，但化石证据的缺乏又无法解释一些“跳跃式”的进化实例，特别是寒武纪大爆发事件。达尔文无法解释这么多样的生命是如何在短时间内井喷式地出现在同一个地质时期而没有前期的“过渡祖先”的，对此他的解释是“中间过渡类群灭绝”和“化石证据不足”，但这不足以让他的反对者信服，而这些缺陷也给宗教留下了抨击的缺口。

在达尔文主义之后，不断有进化生物学家对其进行补充或者提出新的假说：间断平衡理论认为生命的进化并不都是渐进式的，在一些特殊的时间、地点可能会产生极端的生存压力，引发跳跃式的物种进化；中性学说从生命基因层面解释物种大多数时间积累的都只是中性突变，即不好不坏的突变，中性突变不会受到自然选择的影响，却会在种群中逐渐累积从而实现种群分化；而现代达尔文主义则在达尔文主义的基础上，结合了细胞学、系统发育学、生态学等多学科知识，论证了生物的进化，并修订了原先达尔文主义的缺陷，发展起较为全面的当代达尔文主义综合理论。

当然，宗教层面也在学习和发展，原形假说认为上帝创造了各种生物的原形，然后原形根据自然选择去进化；智能设计学说则认为世界上的生物都来自一个智能设计者，有时也被认为是存在更高维度的智慧生命。这种理论不像宗教那样对上帝崇拜，但本质上和神创论学说没有区别。其实从学科发展的角度来说，神创论是一种十分消极的观点，找不到合适的证据，想不到合适的解释，那就说是由一个更高级的智慧设计的，像极了气急败坏的淘气小孩。而一旦认可了这种观点，仿佛就不需要再进行思考了，反正回答不了的问题，都可以交给这位万能的造物主，十分可笑。

达尔文的自然选择学说被恩格斯誉为19世纪三大自然科学发现，虽然学说中有些内容值得商榷，但一个学科的发展本身就需要经历曲折，不同学说的交流碰撞是必然的，也是有益的。我们对于各个学派的论述不该急于下论断。神创论也好，达尔文主义也好，它们都是某个时期人们对世界、对自己的思考，那当下的我们，不妨也参与进来，浅浅地思考一下生命从何而来——思考的过程总是对的。无论何时我们都不应该停下探索求知的脚步，无论何时都不要停下思考！

孟德尔与摩尔根

——探寻生命密码

黄金时代

19世纪是博物学，或者说是生命科学发展的黄金时代，凭借学科的启蒙和技术的发展，科学家们不断地探索着生命的本质。施莱登和施旺提出细胞是动植物生命体活动的基本单位。细胞学说还从结构层面上论证了生物界的统一性、进化上的同源性，推动了生物学的发展。达尔文的进化论则从时间尺度论证了生命的演化历程，构建了一个更加客观的自然史观。但科学的魅力就在于它从不会停下思考的脚步，生命是怎么实现变化的，变化是怎么积累的，生命演化的本质是什么，原动力是什么，要想解答这些问题，就需要解开生命的密码——基因。

孟德尔与“3 ∶ 1”

孟德尔出生于奥地利的一个农民家庭，他从维也纳大学毕业后，回到布隆担任修道院神父。由于孟德尔童年开始就受到了家中园艺学和农学的学科启蒙，在神父工作的闲暇之余，他也开始种植豌豆，并尝试着改良品种。但在培育过程中，他慢慢发现豌豆的性状似乎隐藏着有趣的规律，而他也开始着手专门研究豌豆的遗传规律，这一种就是 8 年。孟德尔在大学修学的时候接受了严格的科学训练，自己也对科学研究非常感兴趣。他在豌豆实验的开展上，非常严谨和细致。他首先购买了 34 个品种的豌豆，从中挑选合适的实验材料 22 种，在不断的种植与收获中，选取了 7 对显著的相对性状进行统计。他选用同一对的不同性状的母本和父本纯种豌豆杂交，发现第一代子代（F1 代）只表现出其中一种性状。而 F1 代继续自花传粉产生的第二代子代（F2 代）中，原本“隐藏”起来的性状又出现了，而且两种性状的后代数量比例接近 3 ∶ 1。而这种现象在 7 对性状中都存在，说明这不是偶然的。于是孟德尔提出了一个分离假说，认为性状由一对神秘的因子控制，在个体产生后代的过程中，这一对因子会产生分离。接下来，孟德尔开始设计实验，并进行实验检验，最终得出结论。而这套实验的方法，也奠定了现代生物学最基本的科学流程：假说演绎法。在其他植物上进行验证后，孟德尔证实了他提出的分离定律，开创了遗传学，该定律也被称为遗传学第一定律。随后，孟德尔在分离定律的基础上，进一步探究两对、三对性状的分离情况，并最终发现了遗传学第二定律：自由组合定律。孟德尔的两大定律是遗传学中最基本、最重要的规律，后续的遗传学规律都建立在这两大定律的基础之上，而自由组合定律也为自然界生物的多样性提供了理论支持：比如说当生物具有10对性状，那理论上它们的后代可能出现的不同性状组合就有2^{10}=1 024种，20对性状的情况则是2^{20}=1 048 576种，但实际上生物的性状远不止这些，因此即便是同一种生物，也会出现极大的差异性。

孟德尔

摩尔根

孟德尔的实验是极具开创性和前瞻性的，他把生物学、统计学和数学等学科融合起来，并且将生物遗传从个体层面分割为性状层面。但很可惜，同时代的许多博物学家没能理解论文的真正含义，人们对他枯燥而重复的实验数据也毫无兴趣，孟德尔的天才结论被埋没了。直到他离世 16 年后的 1900 年，荷兰和德国的遗传学家同时独立地“再现”了孟德尔遗传定律，世人才真正意识到，遗传学的时代到来了。

摩尔根与果蝇

1900 年后，孟德尔的理论已经受到了大多数科学家的支持，基于孟德尔定律，萨顿提出了染色体学说，认为染色体是性状的载体，分离定律的本质就是生物产生后代过程中染色体的分离。但遗传学的发展刚刚起步，仍有少数人不认可遗传学定律，其中就包括了摩尔根。摩尔根是美国遗传学家，早期他在家鼠的杂交实验中试图重现孟德尔定律，却发现实验结果与预期相去甚远，这引发了他对孟德尔学说和染色体理论的怀疑。1908 年起，摩尔根选用果蝇作为实验材料，来研究生物遗传过程中性状的突变现象。果蝇是苍蝇家族中体型非常小的一类，仅需 10 天就可以完成卵、幼虫、蛹、成虫的一个生命周期，一年就可以繁殖 30 代，而且后代数量大，易养活，是绝佳的杂交实验材料。摩尔根在黑暗无光的环境中，用了两年时间不间断地饲养了 69 代果蝇，却没有发现果蝇身上出现“适应黑暗”的进化。第二次实验时，摩尔根用更加极端的 X 光、激光、高温、高盐、酸碱等方式刺激果蝇产生突变，终于在 1910 年 5 月，在原本红眼的果蝇群体中，出现了一只异常的白眼雄性果蝇，正是这只果蝇，把遗传学推到了一个新的高峰。对于这只难得的白眼果蝇，摩尔根也是十分细心地照顾，并且给它安排了重要的繁殖任务。杂交后的 F1 代中，所有果蝇后代都是红眼，这种性状隐藏与孟德尔的实验结果是相符的。关键是 F1 代相互杂交产生的 F2 代，红眼果蝇与白眼果蝇的数量比，正是 3 ∶ 1。面对这个数据，摩尔根对前辈孟德尔算是发自肺腑地信服了，他也开始认真研究孟德尔的遗传学定律。

但实验还没有结束，摩尔根发现所有的白眼果蝇都是雄性的，而果蝇的性别是由性染色体 XY 决定的，这种伴性遗传的现象说明决定果蝇白眼的基因位于 X 染色体上，性状基因与性别基因同时存在，就像是被锁链绑住一样，这就是基因的连锁定律。后来摩尔根进一步发现，这种规律不只发生在性染色体上，在普通染色体上，当两个基因足够靠近时，它们就更有可能连锁；而两个基因离得越远，它们连锁的概率也越低，这就是遗传学第三定律：连锁互换定律。

摩尔根的实验，不仅奠定了他在遗传学中的地位，更是让果蝇这种生物成为现代遗传学研究的第一选择：果蝇具有饲养简单、繁殖力强、周期短、染色体数量少等优点，也是投入的科研力量和经费最多的昆虫；而果蝇也不负众望地解决了许多遗传学及科学问题，成为“拿奖”最多的昆虫。

自私的基因

那控制性状的到底是什么呢？达尔文在他的“泛生论”中创造了“泛生子”（pangene）一词，来表示性状在生物间的遗传；而孟德尔在他的论文中则用“天性”（anlage）和“因子”（elemente）两个词来描述控制豌豆性状的神秘物质。但这些说法都不够直接，难以理解。直到1909年，维尔海姆·路德维希·约翰森在自己出版的书中，将pangene中多余的词干“pan”去除，保留“gene”，以此来描述这种控制着生物性状的“某种东西”。起初这个词出现时，人们也不知道是什么意思，只是知道应该有这么个东西，决定着生物的性状，但这个词却足够让人们交流与理解。gene一词后来被潘光旦先生翻译为“基因”，这一定是生物科学领域最美最佳的翻译，既是完美的音译，也是完美的意译，“基因”代表生物遗传的“基本因子”，而它也开辟了一个全新且重要的研究领域——分子生物学。后来，科学家们知道了基因是染色体上的一个一个的小片段；再后来，我们又知道了基因是编码一个蛋白质的DNA（脱氧核糖核酸）片段，上面由四种碱基密码排列组合而成……

生命的很多特性，其实都受到了基因直接或间接的影响，如外形外貌、身高体重，甚至口味偏好等。我们知道传宗接代是生命的本能，但真正需要传递下去的是什么呢？是所谓的血统，还是看不见的某种精神？实际上都不是，生命考虑的没有那么多，需要传递下去的，就是自己的遗传物质，也就是自己的基因。因此当雄性动物在争夺配偶时，其实是为了让自己的基因能够传递；雌性动物哺育后代，也是为了让自己的基因能传递更久。生命的本质，或许就是自私的基因的延续。英国学者理查德·道金斯用《自私的基因》一书，很直白地阐释了这个现象。生命的行为，无论看起来是利己的还是利他的，都是最利于传播基因的。

蜜蜂是种很独特的社会化昆虫，家族中占据多数的工蜂，放弃了繁殖能力，看起来似乎不利于它们基因的传播，但这其中的原理非常巧妙：在普通的繁殖模式下，一个孩子会遗传获得父母各1/2的基因，假如工蜂自己去产生后代，那后代会有1/2的基因来自工蜂，但由于蜂群具有十分独特的繁殖方式，蜂后产生的后代，如果来自同一个雄蜂父亲，那这些“姐妹”的基因相似程度必定高于1/2，平均下来是3/4的相似度，因此，交给蜂后产生后代，比工蜂自己产生后代遗传的基因更多。当然，这只是从基因层面解释了蜜蜂社会行为的底层原因，但它们是如何发展出这么复杂的社会性的，仍待研究。

基因与生物进化

在明白了基因与遗传学规律后，再来理解生物进化就会更加容易。在生命的历史长河中，遗传物质在传递过程中会发生改变，这些改变可能会导致原本的基因发生变化，有好的变化，有不好的变化，也有中性的变化（中性学说）。当出现了一个好的基因，那么这个基因的主人就更容易生存或者繁衍，它拥有的后代就会多于中性的或者不好的基因。随着好基因在种群中的比例越来越高，这个种群就完成了演化。同理，不好的基因则因为不易生存或者在繁衍上处于劣势，在后代中的比例会降低，最终该基因会被淘汰。所以自然选择学说的基本观点是“过度繁殖、生存斗争、遗传变异、适者生存”。

基因的未来

现代生物学已经掌握基因的基本属性。我们知道遗传物质是双螺旋的 DNA 结构，知道基因是脱氧核苷酸的排列，而随着科学的进一步发展，科学家们似乎可以对生命进行更多的“控制”。

（1）定向品种改良：传统的遗传学只能通过杂交技术让性状随机组合，而现代遗传学则可以针对性地设置父本母本，有目的地获得优良性状的后代。

（2）人工基因突变：利用紫外线、激光甚至太空环境等因素，刺激基因快速突变，以此获得潜在的优良种源。

（3）转基因技术：利用分子生物学手段，将一个完整的基因整合到一个生物个体中，高效、准确、快速地获得具有优良性状的个体。转基因技术已经发展得非常成熟，不仅在生产中得到运用，为科学实验也提供了极大的便利。

（4）基因编辑技术：直接在生物体内修改基因，将原本的脱氧核苷酸序列更改为指定的其他序列，以此实现对基因的编辑。基因编辑技术最早在 1996 年提出，直到 2013 年的第三代技术趋于成熟，也引发了生物学界争论的热潮。

（5）人造生命：既然生命的本质是 DNA 序列，那人类是否可以自己创造生命呢？理论上是可以的，但是人类生命的碱基数十分庞大，因此科学家们尝试从小生命开始。2010 年，科学家们将一种叫作支原体的微生物的 DNA 摧毁，然后引入人工设计与合成的 DNA，合成出了世界上第一个拥有完全合成基因组的生物。它含有 905 个基因。而后，科学家们又产生了疑问，究竟怎么样才算生命，对于生命来说最重要的基因是哪些？2016 年，更小的生命诞生了，它仅仅有 473 个基因，虽然其中仍然有非常多的基因功能尚不明确，但它的存在为我们探究组成一个生命所需的最简基因列表提供了帮助。

对于生命，科学到底能做到什么程度呢？其实纯粹的科学探究是没有止境的，或许终有一天人类可以真正成为造物主，完全创造出一个生命来。但科学之外，我们仍然应该保持对生命的尊重与敬畏。这些看似简单的基因，其实是编码了生命 38 亿年时光的密码。

苍蝇与蚊子

——揭秘瘟疫之源

丛林毒师

如果要评选一个最讨人厌的昆虫，那蚊子一定会摘得桂冠。但其实在地球上的很多地方，一个好的生态系统是不会有大量蚊子的，大自然中有非常多的生物以蚊子为食，它们会将蚊子的数量控制在一个适当的水平，而人类环境下由于天敌生物的缺乏，才容易滋生大量蚊虫。但即便如此，每一次的野外科考我们都需要做好万全的准备，因为在自然界中，还有更可怕的生物：小咬。小咬与苍蝇蚊子同为双翅目昆虫，但体型更小，它们栖息在闷热的热带雨林之中，非常难以察觉，在亚马孙丛林里，每天晚上洗澡时才能发现小咬的罪证！不知道是不是丛林里的食物太过匮乏，我们一行人穿着长衣长裤紧紧包裹着身体，还喷了大量的驱蚊水环绕，但即便如此还是抵挡不住小咬的进攻，它们会准确寻找到衣服之间裸露的皮肤，趁人不备就猛吸一口血。其实小咬叮人不疼，但是它们叮咬之后的伤口奇痒难忍，而且会持续一周以上，其间任何的止痒药都无济于事，只能使劲挠才能缓解，而代价就是从一个小小的包，慢慢扩散成一块疤痕。每次从亚马孙雨林探险归来，我都会十分自豪地说，这里并没有大家想象的那么危险，然而其他人看着我手臂、脖子、腿上无数的包，会若有所思地摇摇头，而我会说，这些其实是科考的证据，是亚马孙雨林留给我的回忆。有趣的是，小咬从来不咬脸，或许是它知道脸部没有足够的血管，或许是它不忍心伤害我的面容吧！

相比之下，城市里的蚊子似乎要温和得多，一般来说痒一两天就会缓解，抹点花露水还会更快，所以人们对蚊子也总是既讨厌，又无奈，任由它肆虐。但是就是这与我们相伴为邻的小昆虫，却是最为可怕的毒师，它们自身伤害不大，却依靠体内携带的病毒，成为人类第一大杀手。

大开杀戒的瘟疫之源

自古以来，瘟疫一直都令人闻风丧胆，在医疗手段不足特别是对疾病认识不准确的年代，瘟疫意味着大规模的感染和疾病，甚至是死亡。无数医生在瘟疫治疗上出谋划策，甚至设置专门的疫所来安置病人，实现了早期的隔离防治。随着医学的发展，人们意识到寻找传染源比单纯的治疗更加重要，于是科学家们把目光聚焦在了那些最常见的小生物身上。

瘟疫不同于战争，它似乎更加狡猾，来无影去无踪。很多人认为它是天灾，是上天对世人的惩罚，认为以人之力无法应对，于是转而拜神求佛。但这确实不能怪古人迷信，很多时候，瘟疫是由寄生虫、细菌、病毒等造成的，而这三类病原生物都非常微小，在科学技术不发达的年代，根本无法找到它们。而且，这些病原生物的攻击都是从人体内开始的，很多时候等病人出现了表征，已经错过了最佳治疗时机，同时还具备强大的传染性，会快速地将病原传播给其他人。当然病原的传播也没有想象中容易，它们需要近距离接触，即使是能通过咳嗽、喷嚏传播的病菌，也需要周围有人才行，因此在人口密度低的年代，很多病原并不会形成大规模瘟疫。真正令人害怕的，还得是瘟疫传播的罪魁祸首——蚊虫！苍蝇和蚊子很早之前就在人类的生活中出现了，它们会频繁地与人接触，而且善于飞行、活动范围广泛，同时具备超强的繁殖能力，往往环境越差的地方，它们的数量就会越多。而它们身上也非常容易携带病原生物，随着在人类生活中的活动，它们会快速地传播疾病，引发瘟疫。而一旦暴发瘟疫，人们往往疲于治疗与照顾患者，无暇顾及卫生安全，卫生条件就会被搁置，进而形成了一个闭环。

蚊子与疟原虫

蚊子是一类昆虫的统称，或许也是我们最熟悉的昆虫之一，它们有着细长的身体、腿和透明的翅膀。虽然它们并不起眼，但每当它们在耳旁飞过，那嗡嗡的声音会迅速暴露它们的踪迹。蚊子是完全变态发育的昆虫，它们的幼虫需要生活在水中，称为孑孓（jié jué）。孑孓食性广泛，对水质要求不高，它们取食水中的腐烂物质就能生活，所以积水非常容易滋生蚊子。而长大后的蚊子，则多了个令人讨厌的技能——吸血。当然，并不是所有蚊子都会吸血，对昆虫来说，血液并不算太好的食物，花粉花蜜之类更易获得而且已经足够它们生活。蚊科昆虫只有一部分会吸血，而且，只有雌蚊子会吸血，它们吸血是为了让卵巢发育，如果不是为了产卵，雌蚊可以与雄蚊一样，依靠花蜜存活。那雄蚊子完全不吸血吗？有科学家做过实验，在只提供血液食物的情况下，雄蚊子也会吸血，但是这却会使它们折寿。而自然情况下的雄蚊子几乎不吸血，不信你看看，吸血蚊子的触角都是丝状的，而那些触角像毛刷一样的，只是过来寻找配偶而已。

蚊子在吸血这件事上，也是做好了十足的准备。昆虫的口器基本上由上唇、下唇、上颚、下颚和舌五个部分组成，通常来说口器的主要功能是取食，而蚊子的口器极端特化，每一个部分都为了更好地吸血而做出了改变。蚊子吸血的过程绝不只是简单的叮咬，而是它口器特化的 6 根“小针”在做着极高难度的微创手术。

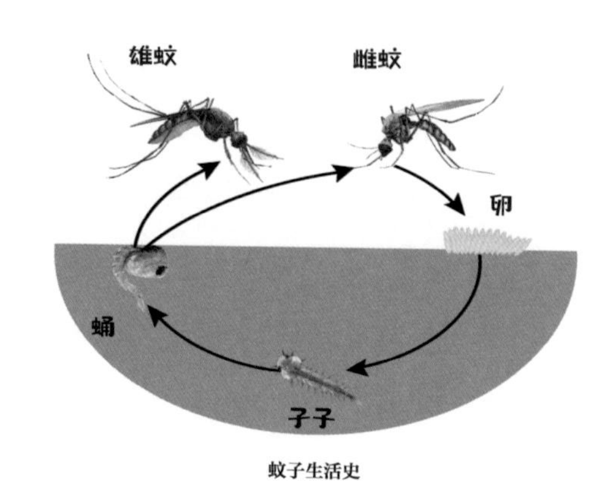

蚊子生活史

蚊子口器最外面的部分是下唇，下唇包裹着其他的结构，但是当叮进皮肤时，下唇会折叠，此时的下唇起到了引导和辅助其他口器的作用。最开始“攻击”的是上颚和下颚，这两个结构末端都有类似锯子的结构，可以轻松地切开皮肤组织。而进入皮下之后，上颚和下颚还可以移动，它们会在细胞中探索血管的位置。在这个过程中它们会“咬”坏许多细胞，只不过它的口器太小，我们感觉不到疼痛。找到血管之后，上唇和舌就开始发挥关键功能了，上唇负责吸血，而舌负责向动物血液中分泌唾液，这些唾液中含有非常重要的抗凝血酶，不然这种微小的伤口会快速凝固。而被蚊子叮咬后皮肤发痒，罪魁祸首就是这些抗凝血酶，引发了人体的过敏反应。在蚊子吸血过程中，最可怕的就是这个舌，如果只是单纯的吸血可能还好，但由于舌会向血液中分泌唾液，而血液又连通着人体全身，一旦这个唾液中含有其他的东西，就会以非常快的速度传送到人体各个组织。许多通过蚊子传播的疾病，正是在蚊子叮咬的过程中广泛传开的：蚊子先叮咬了病人，把带有病原的血液吸入身体，之后再去叮咬健康的病人，此时就把病原传播出去。

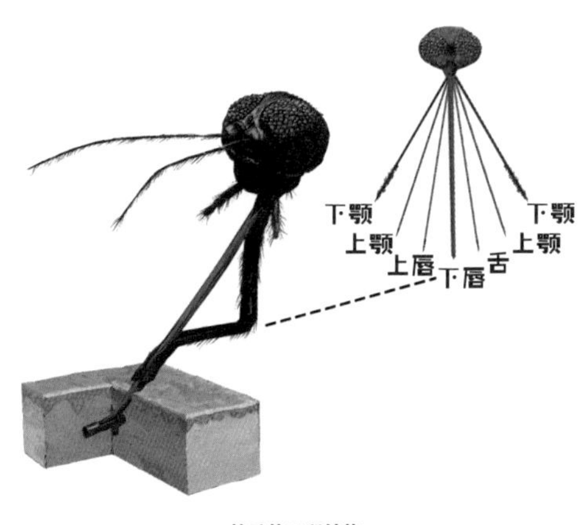

蚊子的口器结构

在蚊子传播的疾病中，最可怕的是疟疾。疟疾是由疟原虫引起的疾病，可通过血液传播，蚊子是非常重要的传播媒介。疟原虫感染后，会破坏红细胞，进而引发周期性的发冷、发热、多汗等，多次发作后诱发贫血、器官衰竭，可致人死亡。迄今为止，疟疾仍然在全球40%的地区流行。疟疾的发生无法预料，疟疾的英文“malaria”意为肮脏的空气，中国古人则认为这是一种有毒的“瘴气”，可见当时中西方都意识到了疟疾与环境卫生有关，但却找不到有效的解决办法。早期应对疟疾的方式是躲，离开“有毒的空气”；稍微好些的方法是保持环境卫生。直到1984年确定了蚊子是传播疟疾的媒介，人们开始针对蚊子进行治理。但对于疟疾，一直停留在了治疗症状的层面，针对疟原虫的药物，要么疗效不足，要么副作用大，要么价格昂贵难以推广；并且疟原虫对于普通的抗疟药物，很容易产生抗药性。屠呦呦担任中药抗疟研究组组长时，遍寻古方，对200多种中药380多个样品进行药物活性筛选，并在古药方的启发下，用低温萃取青蒿素，而以青蒿素为主的联合疗法，是目前世界上治疗疟疾最有效的手段，在全世界挽救了数百万人的生命，治疗患者数亿人，屠呦呦也因此获得2015年诺贝尔生理学或医学奖。

蚊子与病毒

生活中最常见的吸血蚊子其实就三类，库蚊、伊蚊和按蚊，而且不同的病原通常只会通过对应的蚊子种类进行传播，按蚊传播疟疾，库蚊传播乙型脑炎，伊蚊传播登革热。

登革热是由登革病毒引起的经伊蚊传播的虫媒传染病。登革热会导致发热、皮疹、全身疼痛以及出血症，是夏季高发的急性传染病。登革热的媒介伊蚊身体黑白色交替，休息时后足上翘，也被称作花蚊子。登革热主要在热带和亚热带地区流行，该病毒必须依赖蚊子的叮咬，人与人接触不会直接传染。登革病毒经血液进入蚊子体内后，会有一个 8~10 天的增殖期，此后蚊子叮咬健康人时就会传播病毒，被感染的蚊子会终身带毒，少数甚至可以通过卵将病毒传给后代。因此对于登革热病毒最重要的防治手段就是灭蚊。

苍蝇与细菌

苍蝇也是双翅目昆虫，它们虽不吸血，但它们很喜欢人类的食物，也是与人为伴的昆虫。苍蝇的幼虫是蝇蛆，没有腿，也没有明显的头部，蝇蛆对生活环境毫不挑剔，烂水果、食物、动物尸体甚至是粪便都是它们的家园，它们在“食物”中不断蠕动，十分恶心，因此苍蝇也是一种非常讨人厌的害虫。

但苍蝇的危害远不止此。苍蝇的口器也很独特，被称为舐吸式口器，它像是一片大海绵，可以快速地吸取食物上的汁液。如果遇上固体的，苍蝇也有办法，它们会分泌唾液将食物消化成液

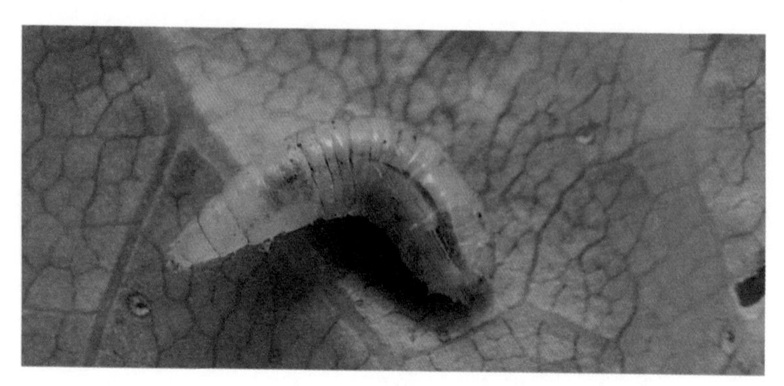

蝇蛆

体后再吸食。同样是因为这个有吸有吐的取食方式，细菌借助苍蝇进行传播。苍蝇从不挑食，什么都吃，如食物、腐烂物、尸体、粪便等等。在“垃圾食物”中活动时，它们的身上也会携带大量的细菌；而且它们也不讲究，每每是刚吃完一个，就飞到另外的食物上去。而苍蝇自身却有独特的抗菌能力，一方面它们能产生抗菌物质，另一方面它们拥有极快的消化速度，吃、消化、排便一个流程下来，一般只需要 7~11 秒钟。所以被苍蝇碰过的东西，肉眼看着没差别，实际上上面可能已经有来自其他食物的残渣、苍蝇的口水、苍蝇的粪便等等，不仅非常脏，还有大量的病菌。已有研究表明，蝇类接触传播的病原体超过 30 种，包括细菌、原生动物、病毒甚至是寄生虫卵等。

其中比较常见的是痢疾，痢疾是由痢疾杆菌引发的细菌性传染病，会引发较为严重的肠道病症。痢疾杆菌感染后，会通过粪便排出人体，通常来说是很难造成二次传播的，但是苍蝇在其中推波助澜，它们自己不会受到杆菌的攻击，但是却把病原携带到了原本干净的食物上，所以说病从口入不无道理。

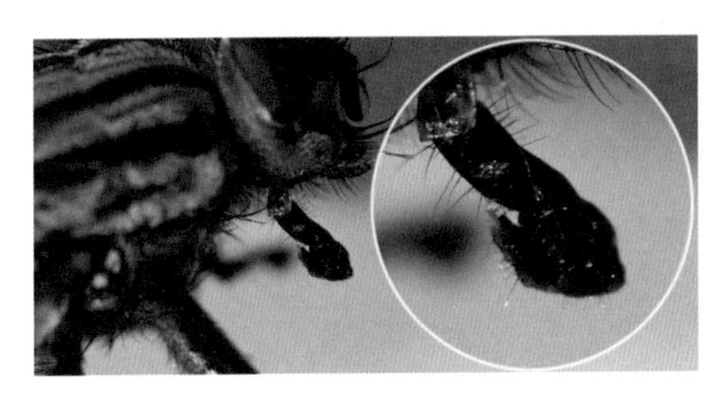

苍蝇的口器

我们对世界的认知是逐步加深的。随着科学的发展，我们意识到瘟疫来源于寄生虫、细菌、病毒；随着科研的探究，我们知道了昆虫是传播疾病的重要媒介。于是在治疗疾病之外，我们还可以通过消灭昆虫来阻断疾病的传播途径。自然界其实藏有很多奥秘，认识自然也能拥抱更美好的生活。

专题
诺贝尔奖与昆虫

每年的 4 月 24 日是世界实验动物日，许多的动物在科学的发展历程中做出了巨大的牺牲，它们从出生开始就被规划好了一切。许多人替这些动物感到惋惜和愤愤不平，呼吁着科学能给动物们一个更好的归宿。然而在这种呼吁浪潮中，实验昆虫似乎从来都“不被重视”。或许并不是所有人都关心昆虫生活的开心与否，但论数量，它们绝对是在科研中牺牲最大的类群。昆虫在科学家们的“指挥”下，完成了一项又一项的实验，而在世界科学最高奖诺贝尔奖的领奖台上，一个又一个的故事也述说了属于它们的辉煌。

大发明家与科学最高奖

阿尔弗雷德·伯纳德·诺贝尔，1833 年出生于瑞典。诺贝尔的父亲是一名工程师，同时还是发明家，从小耳濡目染的诺贝尔就对研究和发明颇感兴趣，诺贝尔一生拥有 355 项发明专利，他也通过发明制造积累了大量财富，开设了超过 100 家公司。为了鼓励其他学者，诺贝尔将遗产中的大部分设立为奖项基金，将基金每年的利息分为 5 份，作为奖金颁发给获奖人，诺贝尔奖开始时设立物理学、化学、生理学或医学、文学和和平奖 5 个奖项，1969 年时增设了经济学奖。诺贝尔拥有雄厚的财富实力，加上经常有政府和民间组织的捐款，诺贝尔奖的奖金非常丰厚，一个单项奖的奖金相当于一个教授一生的积蓄，因此诺贝尔奖的评选极其严格，每次获奖者都是该领域里做出重大贡献的人。此外，诺贝尔奖还规定每年每个奖项都只能由不超过 3 个人获得，不允许集体获奖；每年的名额也是极其有限，能获得诺贝尔奖的研究，都是或多或少改变了人类甚至是改变世界的，而诺贝尔奖也成了科学界顶级奖项。

诺贝尔奖项中，与生物科学最相关的是生理学或医学奖，1901—2022 年共 122 年中，共有 989 人次获得诺贝尔奖，其中生理学或医学奖共有 224 人次，这些人中至少有 10 位科学家的研究是昆虫学领域的。

“雕虫小技”也能获奖

昆虫是世界上种类和数量最多的一类生物。在科研领域，昆虫也是重要的研究材料。122 年来，诺贝尔奖的舞台上也多次出现昆虫的身影。

1902　罗纳德·罗斯　疟疾。疟疾长久以来都是难以治疗和预料的瘟疫，而罗斯在疟疾疾病的研究上，证实了疟疾是由某种病原体入侵生物体引发的，是一种会传播的疾病，有力地反驳了“有毒空气”和“天灾”的谬论，为之后更深入地研究和对抗疟疾奠定了科学基础。

1907　夏尔·路易·阿方斯·拉韦朗　疟疾。拉韦朗进一步发现，疟疾是由一种单细胞的原生动物引发的疾病，确认了疟疾真正的罪魁祸首，同时，也是第一次发现原生动物具有造成疾病的能力。拉韦朗的发现为疟疾的治疗提供了可靠的依据，同时也为医学家解析病症提供了新的思路。1901 年，拉韦朗还发现了锥体虫可以造成非洲昏睡病。

1928　查尔斯·尼柯尔　虱子。虱子是一类体型很小的寄生虫，它们翅膀退化，腿上特化出抓握的足，专门攀附在动物体毛上，以吸血为生。尼柯尔发现虱子是斑疹伤寒的媒介昆虫，会引发该疾病的传播。虱子的治理相对容易，该研究为斑疹伤寒的防治提供了非常重要的理论支持。

1933　托马斯·亨特·摩尔根　果蝇。摩尔根在果蝇上的研究，不仅证实了孟德尔遗传定律的正确，更重要的是他发现了基因的连锁特性和交换特性。该研究正式确定了染色体学说，奠定了染色体遗传学的科研基础。

1946　赫尔曼·约瑟夫·穆勒　果蝇。穆勒利用 X 射线照射果蝇，发现果蝇的突变频率增加，证实 X 射线会诱发基因突变，开创了辐射遗传学领域的研究。

1948　保罗·赫尔曼·穆勒　昆虫。DDT 是一种完全人工合成的化学物质，最早在 1874 年合成，直到 1939 年穆勒发现 DDT 具有极强的广谱抗虫性，几乎能消灭所有的农业害虫，DDT 也被迅速推广开来。DDT 的使用不仅增加了农业生产量，还在治疗虫媒疾病如疟疾、痢疾上发挥了重要作用，挽救了许多生命。但好景不长，60 年代左右，科学家们就发现 DDT 作为一种非天然物质，在自然界中极难降解，并且在生物体内会逐渐富集，除了昆虫外，对小动物甚至是人都具有毒性。70 年代后，世界各国逐渐禁止了 DDT 的使用。DDT 是历史上最知名的一种物质，一面天使，一面恶魔。

1973　卡尔 · 冯 · 弗里希　蜜蜂。弗里希一生专注观察蜜蜂，他准确地分辨出蜜蜂会以“8 字舞”的方式向其他工蜂传递蜜源信息。弗里希是昆虫行为生态学的创始人，开创了研究动物行为模式和动物社会行为规律的学科领域。

1995　爱德华 · 路易斯 & 艾瑞克 · 威斯乔斯 & 克里斯汀 · 纽斯林－沃尔哈德　果蝇。这 3 位科学家以果蝇作为实验材料，发现了果蝇胚胎发育早期中的调控机制，并且证实这个机制同样适用于高等动物，包括人类。这个研究有助于解释胎儿发育不良、先天畸形等医学难题，为之后的胚胎干预治疗提供了理论支持。

2015　屠呦呦　疟疾。疟疾一直是最令世界卫生组织头疼的疾病，由于蚊子的防治太难，疟疾在一些不发达地区很难根治，使用屠呦呦团队提炼的青蒿素，是疟疾最有效的治疗手段之一，在全世界已经挽救了无数人。

上述直接与昆虫学相关的诺贝尔奖说明，对昆虫的学习、研究其实不会只停留在认知层面，昆虫研究可以大有作为。而通过这些获奖的研究我们会发现，获奖最多的竟然是蚊子和果蝇这两种“小虫子”。其中蚊子是可怖的疟疾媒介，关乎数亿人的生命安危，果蝇则是最佳实验材料，以探索基因与遗传的无限可能。当然并不是说对其他昆虫的研究没有价值，只是诺贝尔奖的评选实在太过严格，而昆虫类群又太过多样，很多昆虫与人并没有那么密切的利害关系。同时，诺贝尔奖只是代表了科学研究的一个层面，有更多的昆虫学研究在其他领域发挥了不可磨灭的作用。总之，昆虫学习与研究并不是儿戏，它蕴含着改变人生、改变世界的无尽可能。

专题
昆虫的发育与变态

科学发展是从发现规律和解释现象开始的。昆虫是一个非常复杂的类群，科学家们通过观察和总结，寻找出了昆虫生长发育的规律，并用一些专业词汇进行描述，这是科学家们认识世界和相互交流的必然过程。昆虫与人的差别非常大，人类从呱呱坠地，到慢慢长大成年，再到年老体衰，有着数不尽的身体变化，我们对这个过程非常了解，即便自己没有体验，也可以从周围的人群中感受到成长。而相比之下，昆虫不仅外表令人害怕，其每一个阶段的变化也让我们难以理解，或者说难以代入主观视角去体验。例如，我们很难想象昆虫变成蛹时是怎么做到把自己溶解的，也很难理解昆虫为什么需要蜕皮才能让自己长大。

其实这是一个很有趣的过程，但在我们发挥想象力之前，还是先来了解一下昆虫的一生都会发生哪些有趣的变化吧。

昆虫的生长

蜕皮

无脊椎动物的身体中间没有骨骼的支撑，它们的形状通常是可变的，例如蜗牛可以轻松地缩回壳中。无脊椎动物也是脆弱的，因此它们需要找到保护自己的方式，例如蜗牛的壳、水母的刺细胞等。而在无脊椎动物家族中的节肢动物们，选择在自己身体外面包裹一层铠甲，这层几丁质的外壳是其身体最外层的组织，只包含一层细胞及其分泌物，它能作为节肢动物身体器官和外部环境之间的保护屏障，给节肢动物提供保护，同时也帮助它们塑造体形。正是有了这层外骨骼的支撑，节肢动物能在陆地上更好地生存，其中昆虫是多样性最高的类群，并且发展成了最成功的陆生无脊椎动物。

硬化外骨骼确实是一个非常有效的手段，但在防止外部伤害的同时，也影响了昆虫身体的生长。随着幼虫的发育，它们必须周期性地进行蜕皮以实现身体的生长。昆虫的蜕皮其实是一个很复杂的生理过程，但我们可以将其简化为以下步骤：

第一步：虫体内部产生新表皮，并与旧表皮分离；

第二步：通过吸入空气或水分将旧表皮撑开，虫体从裂缝中钻出；

第三步：昆虫快速吸入空气或水分，使新表皮迅速扩展，之后新表皮分泌几丁质和蛋白质等，形成新的硬化外骨骼。

龄期

不同的昆虫蜕皮周期和次数有较大差异，大多数昆虫如直翅目、半翅目和鳞翅目为比较稳定的 5 次，最少的双尾目的某些昆虫只蜕皮 1 次，而最多的缨尾目昆虫可蜕皮多达 50 次以上。对于蜕皮次数较少并且稳定的昆虫来说，每一次蜕皮所对应的体形体态变化基本是恒定的，因此也可以根据幼虫的形态来推断它的“年龄”，或者说龄期。

刚孵化的幼虫称为1龄幼虫，之后昆虫每蜕皮1次，龄期加1，称为2龄、3龄幼虫等。在蛹期或成虫期最后阶段的幼虫，有时也称为末龄幼虫。

孵化

通常来说，昆虫繁殖后代需要通过产卵，而新生的幼虫从卵中出来的过程便是孵化。幼虫形态各异，它们孵化的方式也多种多样。鳞翅目幼虫有着咀嚼式口器，可以直接将卵壳咬破；蝽类的卵预留了一个方便幼虫打开的卵盖，看起来仿佛一个小酒桶。刚孵化出来的幼虫与刚蜕皮的幼虫是一样的，还没形成完善的外骨骼，因此会通过取食、吸入空气或水分等方式来迅速扩展身体。而由于1龄幼虫比较弱小，它们也表现出了许多有趣的自我保护行为，例如模拟蚂蚁、模拟粪便或者是集群活动。

蝽的孵化

化蛹

一些昆虫在发育过程中会进入一个不食不动的状态，这个虫态称为蛹，末龄幼虫蜕皮形成蛹的过程被称为化蛹。蛹期的昆虫看似不动，但会经历非常剧烈的变化，蛹期前的幼虫与蛹期后的成虫有着全然不同的身体构造和生活方式。蛹本身是一个比较容易受攻击的状态，因此很多昆虫的蛹都会比较隐蔽，或者会有额外的保护措施，例如蚕的茧、兜虫的土室等。

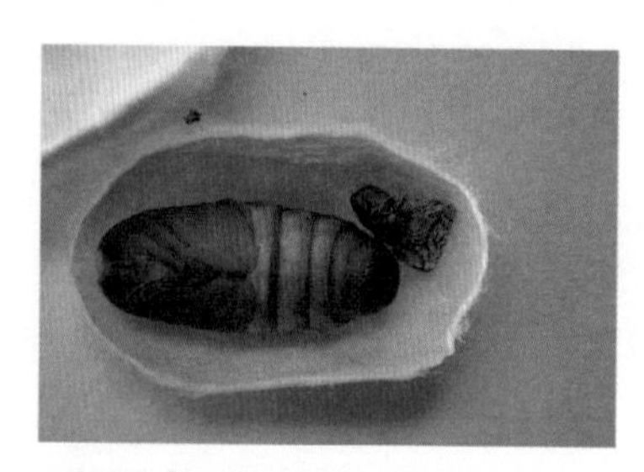

蚕蛹

甲虫蛹

羽化

当昆虫个体完全发育并且具备生殖能力时，称其为成虫；通常来说，昆虫的成虫都有翅膀，因此虫体从前一个阶段蜕皮变成成虫的过程称作羽化。羽化内在的变化，是具备了完善的生殖系统，而外在的变化，则是多了翅膀。但在刚羽化出来时，昆虫的翅膀是挤在一起的，只有在体液充盈并且硬化之后，才能具备飞行能力。

昆虫的变态

昆虫的个体发育过程中，会经历一系列改变，特别是会有几个比较显著的阶段形态，即昆虫的变态发育。昆虫的变态包括增节变态、表变态、原变态、不完全变态和完全变态 5 个类别，其中，不完全变态和完全变态是最常见的类型。

不完全变态发育的昆虫，不经历蛹的阶段，只有卵期、幼期和成虫期。幼期的虫体随着龄期的增加，会逐渐长出可见的翅芽。不完全变态又可分为半变态、渐变态和过渐变态三个亚型。

半变态的昆虫幼期生活在水中，末龄幼虫离开水面羽化成虫。幼虫与成虫在形态、食性、呼吸和运动方式上有着明显的差别，其幼虫统称为稚虫。

渐变态的昆虫幼期与成虫期十分相似，差别基本上仅在于体型大小、生殖器官和翅膀有无上，其幼虫统称为若虫。

过渐变态是一种特殊的渐变态，它们从幼期转变到成虫期时，需要经过一个类似蛹的阶段，这可能是不完全变态向完全变态演化的过渡类型。

完全变态发育的昆虫一生会经历卵、幼虫、蛹、成虫四个阶段，蛹期就是其代表性特征。在昆虫学领域，幼虫一词很多时候是特指完全变态发育的昆虫幼期，它们与成虫有着极大的差异。

昆虫的一生

昆虫从卵中孵化，从幼虫不断成长，再到成虫产下后代，个体的循环过程称为世代，而群体形成的循环称为生活史。其实生命的意义在于繁殖，也就是在于把基因传递下去；即便是吃饭这件事，说到底也是为了繁殖。但是它们需要权衡，是投入更多的精力用于吃饭，还是投入更多的精力用于繁殖。其中最奇妙的，是完全变态的昆虫，它们也是昆虫家族中数量占优的类群。昆虫的一生只能选择一种侧重的方向，那如果活两次会如何呢？

完全变态发育的昆虫，卵期和蛹期都是不食不动的，幼虫阶段负责吃，大量的进食为后续虫态提供营养基础；成虫阶段负责生产，许多成虫甚至放弃了取食能力，完全变成了一个“生育机器”。对不了解的人来说，是绝对无法把同一种完全变态昆虫的幼虫和成虫联系在一起的，因为它们的差异大到说是两种完全不同的东西都是合理的。因此从某种层面上说，卵孵化为幼虫，蛹羽化为成虫，这两个阶段何尝不是昆虫的两辈子呢？除了分工外，两种完全不同的生活方式，还避免了对食物和领地的竞争。看吧，为了生存，昆虫竟然都演化出了“转生”的能力。

第五章

模仿

巧用昆虫智慧

蜂巢

——神奇的六边形

甜蜜蜜的云南

云南物产丰富，而许多蜜蜂也喜欢在这里安家，在云南能品尝到许多种蜜蜂的蜜。

中华蜜蜂：在西双版纳的村庄里，蜜蜂巢几乎是每家必备的，藏在砖墙里，藏在柴火堆中，挂在横梁上，等等。当地人有时候还会主动引蜂回家筑巢，这样就能给自家的孩子提供稳定的蜂蜜源。小孩子特别调皮，时不时会拿棍子去捅蜂巢，年龄大的甚至会掰下来一块，大快朵颐地品尝。

大蜜蜂：大蜜蜂的蜂巢通常是一片半圆形挂在树上，在一些上百年的大榕树上，几乎每个枝条都会挂上蜂巢，一片一片非常壮观。蜂巢外会满满地包着一群工蜂守护着，当有其他动物靠近，它们会有规律地抬起身体，形成一个波浪状，同时发出巨大的嗡嗡声来吓唬敌人。大蜜蜂的蜂蜜也很难获取，需要穿上专业的防蜂服，只有最勇敢的人才敢去挑战。

小蜜蜂：相比之下，小蜜蜂的蜂巢更小，处在低矮的灌木上，蜇人也不疼，只要用烟一熏，保护在蜂巢外面的工蜂就跑开了，这时候就可以准备享受美味了。吃的时候咬一块蜂巢放进嘴里嚼，边嚼边吸蜂蜜，吃完后将蜂巢吐掉，吃法像甘蔗一样。小蜜蜂的蜜非常甜，但在蜂巢的加持下多了一些独特的口感，而且还不会腻。

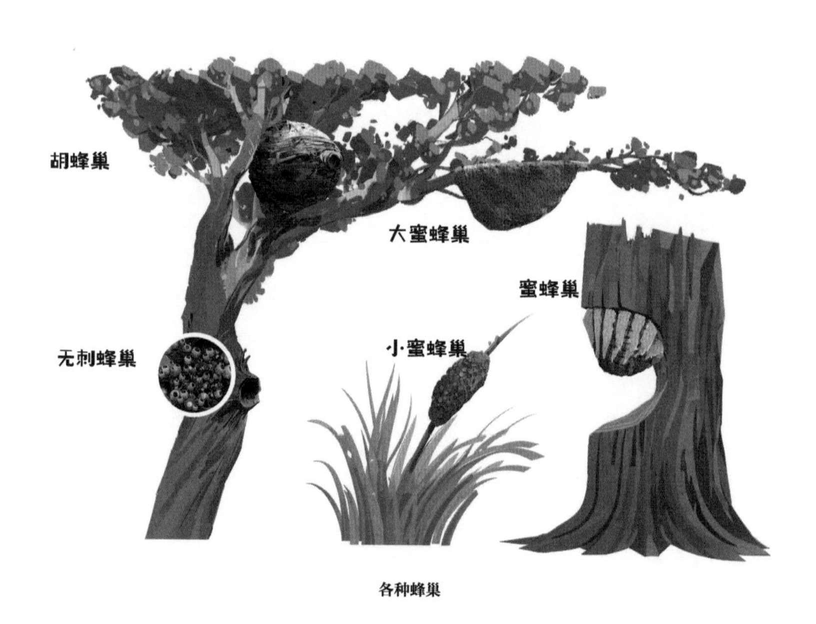

各种蜂巢

无刺蜂：这种蜜蜂没有螫针，是对人最友好的蜜蜂了，在西双版纳的养蜂场里，我们肆意地拨动着蜂巢，完全不担心。与其他蜜蜂不同，无刺蜂的蜂巢结构并不是传统的六边形，而是一个圆圆的小泡，有的小泡里是幼虫，有的储存着蜂蜜。无刺蜂的蜂蜜也很独特，是酸味的，但那种酸味又很巧妙地综合了蜂蜜的甜，整体是一种很和谐的味道。

蜂巢的复杂性

蜜蜂巢并不是圆形的，圆形或者莲蓬形的通常是胡蜂的蜂巢，一些影视作品中的蜜蜂巢，是仿照蜂蜜棒的形状，却很容易造成误解；而且真正的蜜蜂巢通常也不会裸露在环境中，而是藏在树洞、岩洞等隐蔽的地方。蜜蜂巢的结构是一片一片的，每一片称作一脾，许多脾组合形成一个蜂巢。蜂巢通常是倒挂着的，每一脾自上而下又有更细致的分区，分别是储蜜区、花粉区、繁殖区。储蜜区是酿造和储存蜂蜜的地方；花粉区储藏工蜂采集的植物花粉；繁殖区则是蜂巢中最重要的幼虫的生活区域。这种独特的分区也是蜜蜂智慧的体现。

首先，蜂巢的修建是自上而下的，对早期蜂群来说，最主要的任务是储备食物，此时蜂群会优先修建大量的储蜜蜂房，当食物储备量大了之后，蜂群的壮大就是顺水推舟的事了。

其次，蜂群在壮大到一定程度后会分蜂，老蜂后会带着一批工蜂出走，此时原巢穴的新蜂后还来不及大量产卵，会出现许多的空巢房，而空巢房很容易感染巢虫（鳞翅目蜡螟幼虫专吃蜂巢）。蜂脾的繁殖区在下面，分家后的工蜂就可以毫无顾虑地将空巢房咬掉舍弃；但如果繁殖区在上方，工蜂就会陷入是保护蜂蜜还是驱赶巢虫的两难境地。

最后，蜂群中幼虫是最重要的部分，被保护在蜂脾的底下，其他想取食幼虫的动物，只能通过飞行的方式，但繁殖区的表面覆盖了大量的工蜂，可以起到很强的保护作用。其他通过爬树来靠近蜂巢的动物，往往只能吃到蜂蜜，而蜂蜜是蜂巢中最不珍贵的部分，可以快速补充。

六边形的传说

如果说蜂脾的分区是蜜蜂智慧的体现，那每一个蜂房的正六边形结构则是蜜蜂无意之中形成的“天才设计”。为什么这么说呢？因为正六边形的结构拥有很多神奇的特性。

第一，有效面积最大。首先，为了节约蜂巢空间，蜂房与蜂房之间一定得紧密贴着，不能留有空隙，这种情况下，能拼合的形状只有三角形、正方形和正六边形三种；然后，每一个蜂巢都需要保证一定的圆形空间，用于幼虫生长。综合来说，在圆形空间一定的情况下，在三角形、正方形和正六边形蜂房中，正六边形是有效面积最大的方案。

第二，最节省材料。同样，在三种方案中，正六边形蜂房是周长最短的，也就是说在修建时消耗的材料最少。与此同时，有人认为，由于蜂巢是紧密相接的，建第一个蜂房需要六边，建第二个只需要修建五边就够了。

第三，最牢固。正六边形结构拥有极佳的稳固性，无论受到来自哪一个方向的力，它们都不容易发生错位或者变形。

蜜蜂巢的六边形巢室

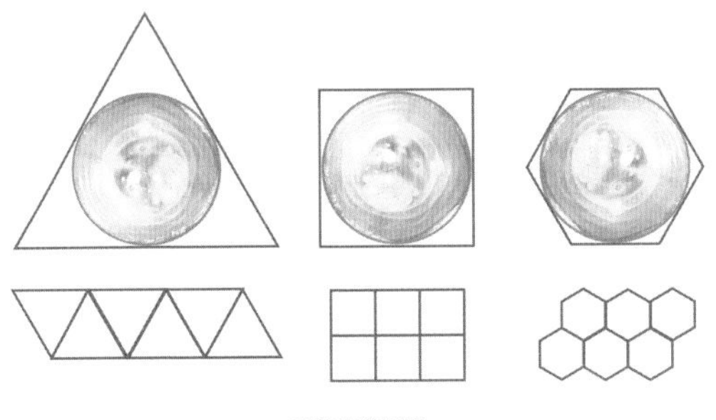

三种蜂巢模型

那工蜂又是如何修建出正六边形蜂巢的呢？这种正六边的形状是工蜂有意为之，还是冥冥之中的必然结果呢？其实工蜂并没有那么讲究，对它们来说，修建蜂巢的蜂蜡自己就能生产，不需要节约；而且它们也没有太多的想法，最开始修建的蜂房都是圆形的，这是最简单的形状。所以蜂巢一开始其实就是很多的圆形的堆积。但是由于工蜂体温高，大量工蜂的活动会使得蜂房温度也随之升高，而蜂蜡则会因为高温融化变软，原来的圆形蜂巢不断扩大并相互挤压，自然地形成了正六边形结构。这个过程类似吹泡泡，一个泡泡是圆形，但当很多的圆形泡泡挤压在一起，就很容易形成正六边形的形状。所以其实蜂巢结构并不是工蜂的杰作，而是物理学的必然结果。

1910年，挪威数学家阿克塞尔·图证明六角密堆积是平面上最有效的堆积方式，这也解释了蜂巢形成正六边形的必然性。当然，蜂巢并不一定都是六边形的，例如无刺蜂的蜂房，由于没有紧密连接，就还保持着圆形；而在蜂巢的一些折角地方，蜂房也会有五边、七边的形状，这也说明了蜂巢形状是扩散挤压而成的。

圆是自然界最常见的形状之一，生物的生长通常都是从中间扩散的圆，而圆的最密堆积就是六角密堆积，所以实际上自然界中有许多类似的正六边形结构，例如龟背竹的果实、昆虫复眼、火山柱状玄武岩等。

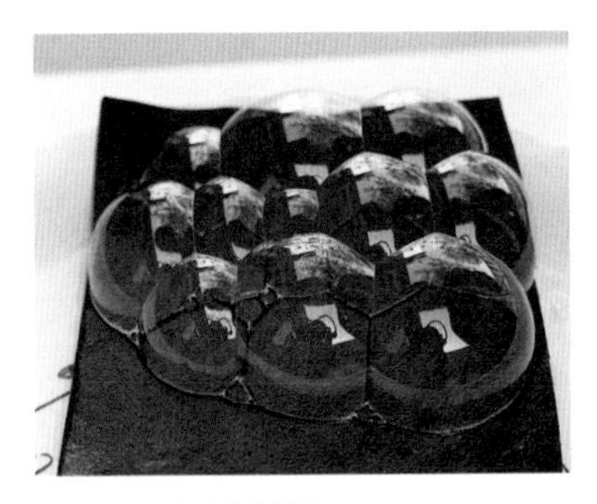

（1）泡泡堆积　　（2）昆虫复眼

自然界中的正六边形

蜂巢结构的运用

很可惜，蜜蜂并不像传说的那么聪明，能主动去建造一个六边形蜂巢，但六角堆积模式在自然界这么普遍，说明确实是一种非常优秀的结构模式。作为平面的最佳堆积结构，六角密堆积确实有着有效面积最大、最节省材料和最牢固的优点，而且它带来的视觉效果也是最好的，因此这种结构常常被用在材料学、建筑学等领域，也被贴切地称作蜂巢结构。

蜂窝孔散热

电子设备运行过程的发热会影响设备运行速度和寿命，因此散热尤为重要。蜂巢形状的散热孔，在保持设备外壳强度的同时，保证了散热面积的最大化。

蜂窝夹层材料

蜂窝纸板运用蜂窝排列的六面柱状体作为夹芯，再覆盖两层纸作为板面，给原本的纸板提供了更高的强度；与此同时，空心的夹芯节省了大量材料，同时还具备了重量轻、不易变形等特点。而如果将材质更换为金属，强度会显著提高。蜂窝板兼顾轻便和强度高的优点，在大型设备上有极好的应用前景，更是航天飞机、卫星等的理想材料。

散热器

蜂窝纸板

蜂巢折叠材料

打印的折纸材料通过特殊的设计结构和工艺，可以自发地折叠成一个蜂巢结构。折叠后的蜂巢具有重量小、隔热减震等特性，在保护果蔬和电子设备上具有很好的应用前景，甚至有可能在外科医学上发挥作用，作为体内骨架为内脏、肌肉等提供支撑。

蜂巢轮胎

美国发明家发明了一款不需要充气的蜂巢轮胎，蜂巢结构可以起到与传统气胎相似的减震作用，同时没有了充气的需求，使得轮胎的运用更加方便，使用寿命也更长。这种轮胎在共享单车上得到了广泛运用。同时，不需要充气也意味着不存在漏气、爆胎的问题，因此蜂巢轮胎的运用能给车辆行驶带来更高的安全性，特别是在军事领域，这种仿生轮胎极为坚固，能满足军事要求，同时不会有后顾之忧。

蜂巢建筑

设计师们大胆地将蜂巢结构运用在了建筑上，相比起传统的栋梁结构，蜂巢结构有着独特的承重方式。它们既可以作为支撑，也可以作为外观墙面，同时还非常节省材料，是一种很独特的建筑方式。蜂巢结构也在一些更大更高的建筑中得到运用，例如丹麦的 Roskilde 穹顶、墨西哥 Soumaya 博物馆、中国水立方等。当然，有些时候蜂巢结构只是提供了一个独特的外观视角。

Roskilde 蜂巢建筑

或许蜜蜂并不是最聪明的动物，它们也不懂得天才设计，但蜜蜂身上确实有很多的秘密值得我们去探究与学习。

（1）超强的记忆和导航能力。一只体长不到 2 厘米的蜜蜂可以飞行数公里采蜜并准确回巢。

（2）超强的免疫能力。蜜蜂生活在高温高湿高密度的蜂巢中，却很少发生大规模的疾病。

（3）适应高密度生活。蜂巢内的蜜蜂活动空间很小，相当于 24 平方米的空间住 15 个成年人，但蜜蜂却可以避免高密度生活带来的卫生问题和社会问题。

（4）发达的社会分工和有效的通信。整个蜂群完全由蜂后控制，但每一只工蜂都清楚自己的任务，蜂群能井井有条地运行。我们只知道蜂后会通过信息素来控制蜂群，但它具体是如何控制的，是单线联系还是网状沟通，还有待研究。

（5）蜜蜂是目前唯一一种掌握了人工授精技术的昆虫，科学家可以精确地控制蜜蜂的品种改良，这种技术的研发和推广对整个昆虫学研究来说都意义非凡。

蜜蜂带给人类的，绝不止甜蜜的蜂蜜和巧夺天工的蜂巢。就像蜜蜂不辞辛苦地在花丛中采撷花蜜一样，我们对科学的探究也需要不断前行。

切叶蚁

——强大的物流

大自然的搬运工

我是最早一批走入亚马孙丛林最深处的中国科学家，第一次进入这片狂野丛林时，这里的一切都令我感到惊喜，其中最吸引我的场景，我至今记忆犹新。丛林的底部安静又充满危机，但就在错综复杂的枝干之间，我看到了一道绿色的湾流，那是一大群切叶蚁高举着树叶在雨林中忙碌奔波的景象，能用来形容的，唯有“震撼”二字。巨大的蚂蚁巢穴就处在丛林深处，它们的地下巢穴可以达到 10 米以上，无数洞口开在地面，而一道又一道的绿色湾流就汇聚到巢穴之中。切叶蚁的蚁巢中生活着动辄百万级的个体，但它们却形成了一个紧密联系的超社会群体，一切活动井然有序。在琳琅满目的亚马孙雨林中，我花了 3 天时间去观察一个巨大的切叶蚁巢穴。它们的工蚁形成了独特的分工，有切叶的，有运叶的，有保卫的，有生孩子的，甚至还有打扫卫生的和分泌抗生素的。切叶蚁的工蚁非常有趣，它们会活动在巢穴周围1 000米的范围内，收集植物的叶子、花朵等，但这些材料带回巢穴不是直接食用，而是作为巢穴里菌类的营养，就像种田一样把真菌种出来作为自己的美食。

在切叶蚁的工蚁中，大型蚁最引人注目，它是体型最大的工蚁，但奇怪的是它们只在晚上才出来活动，守卫在蚁道周围，有时候空闲的大型蚁还会亲自叼着叶子回巢。但一旦被高亮的头灯照到，它们就会快速返回巢穴。这种有趣的现象让我产生了疑问，为什么大型蚁白天休息，晚上才出来？为什么灯光照射后它们会快速回巢呢？在多日的观察中，我慢慢形成了一个假说：夜晚是蚂蚁天敌的活跃时段，大型蚁需要离巢更远来保卫运送叶子的伙伴，而它们依靠光节律来调节自己的行为，灯光会让它们误认为是白天，于是返回巢穴休息。很明显，蚂蚁家族的个体智商并不高，但是它们通过信息素的调控和自身的节律，维持着百万级群体的有序运转，我觉得这一定是世界上最优良的指挥系统。此外，切叶蚁为了保证叶片的新鲜度，它们会用最快捷的方式将叶片运送回真菌厂房，打造了最高效的物流系统；切叶蚁种植蘑菇的历史比人类早了几千万年，创造了最古老的农业系统。这种生活在亚马孙雨林深处的蚂蚁，有着许多值得人类学习的本领。

勤劳的农民

切叶蚁的名字，源自它们切叶子的习性，它们用大颚把叶片切咬成适合搬动的大小，并将叶片搬回巢穴用于种植真菌，而真菌长出的菌丝就成了切叶蚁幼虫食物的稳定来源。切叶蚁族与蜜蜂同属于膜翅目昆虫，是完全变态发育昆虫，都有着复杂的社会结构。切叶蚁的成虫就是我们常见的蚂蚁形态，而它们幼虫的生长则完全需要族群中的工蚁照顾。但是切叶蚁没有类似蜜蜂的产蜜能力，为了给幼虫提供持久可靠又易获得的食物，工蚁们需要忙碌在雨林里的各个角落收集食物。这种特点对于绝大多数社会性蚂蚁来说都是一样的，有的蚂蚁吃肉，出门捕猎昆虫甚至小型动物；有的蚂蚁吃素，认真地收获着植物的果实、种子。而切叶蚁最为独特，在漫长的进化历程中，它们与真菌和谐共处，形成了一个有趣的互利共生关系。与切叶蚁共生的真菌，都属于蘑菇科，我们平时食用的部分是蘑菇的子实体，其实是蘑菇的繁殖结构，而蘑菇真正的本体是遍布在生长基质中的菌丝。而切叶蚁巢穴中的蘑菇，在工蚁的培养下，不再花费精力生长子实体，而是专注于生产菌丝，这些菌丝可以作为切叶蚁幼虫稳定而富含营养的食物来源。对切叶蚁来说，培养真菌的原料，是雨林中随处可见的叶片，这是一种非常划算的合作关系：切叶蚁采集叶子培养真菌，真菌提供菌丝喂养幼虫，幼虫成长、蚁群壮大，采集更多的树叶，真菌菌落扩大供养更多幼虫，切叶蚁与真菌形成了互惠互利的同步成长关系。

蘑菇菌丝

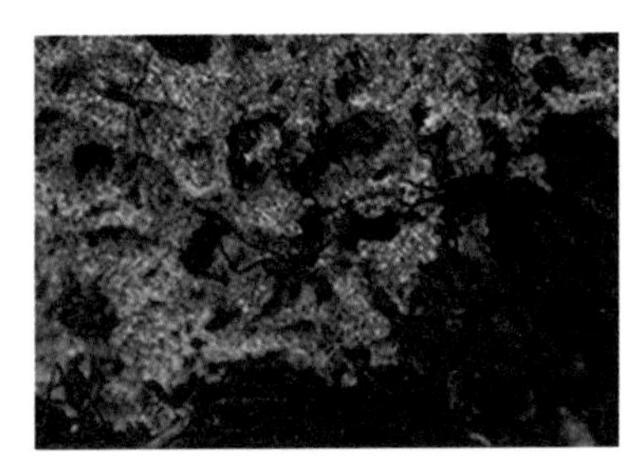
切叶蚁巢的真菌菌丝

切叶子，喂真菌，听起来是非常简单的流程，但实际上在“种蘑菇”这件事上有着非常多的讲究，从某种程度上来说，切叶蚁是唯一一类步入“农耕文明”的昆虫类群。切叶蚁蚁群主要由蚁后与工蚁组成，蚁后只负责产卵繁殖后代，工蚁负责蚁群中的一切事务。与蜜蜂的工蜂依靠年龄来分工不同，切叶蚁的工蚁为了适应不同的工作内容，其形态也产生了分化，大体上可以根据体型分为大型蚁、中型蚁、小型蚁和迷你蚁四种类型。而工蚁除了体型差异外，它们的上颚也产生了区别。

切叶蚁迷你蚁管理菌圃

切叶蚁中型蚁搬叶子，小型蚁保卫叶子

切叶蚁大型蚁

蚂蚁的农场管理，是由不同工蚁协同合作完成的：

- 迷你蚁：体型最小的工蚁，主要负责照顾巢穴内的蚁卵和幼虫，同时负责真菌农场的管理和养护，是蚁群中非常重要的管家和园丁角色。
- 小型蚁：体型略大一些，是蚁群数量最多的成员，主要负责运输队伍的防御前线，是抵御外部敌人的中坚军事团队。
- 中型蚁：主力的收集蚁，主要负责切割叶片并运回巢中，是最为勤劳的搬运工。
- 大型蚁：最大的工蚁，承担着兵蚁的角色，主要任务是保卫巢穴，清理运输通道上的障碍物。

切叶蚁从叶子采集到运输回巢到培养真菌的过程，需要所有工蚁类型都参与进来。首先，中型蚁会离巢去寻找真菌喜爱的叶子，它们在探索的同时也留下了气味路径，等它找到并携带树叶回巢，其他的工蚁便可以沿着该路径快速找到采集点。随着大量工蚁开始工作，工蚁们在蚁巢和植物之间快速地规划出一条“高速通路”：大型蚁负责将道路上的石头、杂物等清理干净，中型蚁则开始埋头苦干切叶回巢，而小型蚁会搭乘在搬运的树叶上，一方面检查树叶是否有病虫害，另一方面负责抵御靠近运输团队的天敌。叶片抵达巢穴后，迷你蚁会将叶子再切碎、磨成叶浆并在上面接种菌丝，真菌就可以在叶浆上快速地扩散与生长。

蘑菇保卫战

种蘑菇很容易吗？要知道切叶蚁为了它可是投入了数百万劳动力，还有专职园丁负责管理。在热带雨林中，高湿高热的环境，很利于蚁巢中的真菌生长，这是好事，也是坏事，因为不能吃的真菌也会同时生长。这些杂菌会抢夺有限的资源，而它们的菌丝无法给切叶蚁提供营养，甚至可能有毒。所以对切叶蚁来说，保卫真菌是非常重要的工作。迷你蚁的表皮上有另一种共生的链霉菌，它们将链霉菌产生的抗生素涂抹在叶浆上，可以有效地抑制普通真菌的生长。除了抗生素，卫生管理也是非常重要的一环。硕大的蚁巢每天会产生大量的食物残渣和排泄物等垃圾，切叶蚁则会用另一种独特的方式来处理。蚁巢中的真菌厂房一旦废弃，就会被“改造”成垃圾处理厂，其中又会生长着另一种霉菌，它们会污染食物和蚂蚁，但却能有效地分解大量垃圾。而切叶蚁则会派出年老的工蚁负责垃圾处理，它们负责垃圾的分类和整理，直到死亡。

对切叶蚁来说，真菌是蚁巢发展的基础，因此切叶蚁最主要的工作就是把蘑菇种好，其中包括播种、施肥、养护、打药、采摘、扩繁等环节，像极了一个现代化的农场。但是有时候把真菌照顾得太好也不行，一旦真菌菌丝过度生长，可能会消耗蚁巢的氧气，导致幼虫窒息而死。所以切叶蚁总是在种好和种不好之间徘徊，一旦操作不当，长了杂菌或者菌丝疯长，轻则封闭厂房，重则举家逃亡。

谁驯化了谁

不同的切叶蚁会培养不同的真菌作为自己的食物来源，它们不再需要和危险的动物搏斗，只需要采集叶子就能够维持种群的繁衍。我们很容易认为，蚂蚁是聪明的，它们“驯化”了真菌，让自己生活得更加安逸，但仅限于此吗？实际上蘑菇也得到了好处，它们不再需要去寻找食物，也不需要产生孢子来繁殖，切叶蚁会帮它们实现这两个愿望。那切叶蚁又是什么时候学会种蘑菇这项技能的呢？实际上蚂蚁与真菌的这种关系很难有完整的化石记录，我们只能通过现代分子生物学的手段来进行推断：最开始是蚂蚁发现蚁巢中生长的真菌也可以作为食物，于是预留出巢室专门让真菌生长，并把多余的食物提供给真菌；之后蚂蚁在蚁巢中生长的多种真菌中进行挑选，它们选择了最好饲养、生长又快的种类进行专门种植，并把其他的菌类清除出去；最后在切叶蚁和真菌的不断磨合过程中，它们形成了一对一的专性互利共生关系。所以并不是谁驯化了谁，这两种生物在漫长的进化历程中已经高度绑定，无论失去了哪一个，另外一方都无法正常生存。

蚂蚁的智慧

3000 年前的人类，就开始观察蚂蚁并且从蚂蚁身上总结经验，知道了“千里之堤，溃于蚁穴”的威力，但蚂蚁在地球上生存的时间远多于人类，它们许多生存的本事，确实很值得我们学习。

以菌治菌

相比起植物种植，真菌的种植要困难得多，杂菌的孢子几乎无处不在，蚂蚁是没有办法完全避免杂菌的污染的。而它们巧妙地利用另一种真菌的抗生素，来针对性地抑制杂菌的生长；同时它们有着高效的管理制度，能够快速灭除新长的杂菌，以此实现真菌苗圃的健康。

垃圾分类与处理

虽然蚁巢中的垃圾基本都是有机质，但蚂蚁还是会进行有效的分类，将食物残渣、排泄物和蚂蚁尸体分开处理，避免产生有害细菌。而蚂蚁运用真菌处理垃圾的方式也非常高效并且环保，通过对这些真菌的研究有助于我们找到一种处理垃圾的新方式。

顺畅的交通

在切叶蚁运输叶子的蚁道上，大量的工蚁在双向运动，有的还携带着“大件货物”，但它们在行进中的速度几乎是匀速的，而且无论是大拐弯还是垂直落差，都不会发生“堵车”。在面对障碍物时，蚁群会快速地规划路线并将其共享给所有蚂蚁，而它们的这种规则正在被编程算法所学习。未来的自动驾驶汽车上，将会搭载这种高效的交通规划系统，也许堵车的难题会被蚂蚁解决。

高效的物流

切叶蚁在食物和巢穴之间形成的最短路线，为它们的叶片运输提供了保障。切叶蚁们搬运着叶片，从各个不同的地方汇聚到蚁巢，从宏观视角来看，仿佛是一张不断向内收缩的绿网。那么如果把这个过程反过来看呢？物品从中心向着不同的地方运输，而这正是人类现在的物流系统。从一个地方向多个地方的货物派送，时效和路线的优化是非常重要的考量内容。随着信息时代和大数据时代的到来，物流也不再局限于一对一，而是要形成一个物流网。这个网络就好比蚁群的信息素。信息的传递也不再是一对一，而是在统一的网络里进行调配，所有成员几乎能同时收到，这样可以从更高的维度，来更好地保障物流的效率。

切叶蚁物流

在切叶蚁的身上，还有很多的未解之谜。例如切叶蚁是如何轻松举起数倍甚至十几倍于自己重量的叶片的？它们又是怎么修整巢穴的深度使之刚好适合真菌生长的？而切叶蚁只是蚂蚁家族中的小类群。蚂蚁是地球上数量最多的一种动物，也是自然界最厉害的一种群体动物。蚂蚁虽小，却有着无尽的科学奥秘，值得我们一生学习。

白蚁

——冬暖夏凉的大厦

白蚁王国

非洲是一个充满野性的地方，每年有数百万生物上演着从塞伦盖蒂公园到马萨伊－马拉草原的动物大迁徙，是许多动物学家梦寐以求的地方。但非洲带给我的震撼远不止大型动物，这里的昆虫也在漫长的岁月更迭中选择了自己的野性生存方式。非洲的草原上，常常有密集的土堆矗立，这些是白蚁的巢，称为蚁冢。它们主要由黏土构成，常常可高达 3~4 米，车停在底下都显得渺小。而这些蚁冢犹如一座座石碑，昭示着这里是属于白蚁的王国。非洲有些地区的蚁冢极多，吃白蚁的动物也很多。

在非洲夜探是一个惊心动魄的经历，虽然我们在车中，但周围一望无际的草原，以及不知道藏匿在哪里的狮子，都让人无法安心。而蚁冢在夜光下显得更加神秘，更别提还有不知道从哪里传来的沙沙声和时不时闪现的阴影。好奇心终究克服了恐惧，我们发现在白蚁巢的底部，有一只土豚正在享用美味的“晚餐”，它把蚁冢表面的土拨开，再用长长的舌头去舔食白蚁。非洲的土豚与美洲的食蚁兽隔海相望，但它们在吃这件事上口味却惊人地相似。

在野外科考途中，有时候一些普通问题也会变得复杂，例如吃喝拉撒，但也正是这些普通的问题，更让我们感叹大自然的奇妙。我们趁着夜色的掩护在蚁冢边小便，令人意外的是，蚁冢似乎并没有受到多大的影响。第二天我们专门携带了两桶水，从不同的高度、角度、力度探究了水对蚁冢的影响，结果发现，蚁冢不仅没有被破坏，还快速地把水吸收了，避免了底部的白蚁被淹死。这说明白蚁的巢并不是简单地把土堆起来。一方面，它拥有很强的韧性；另一方面，它一定有地下排水系统。在非洲，每年会有数个月的雨季，白蚁蚁冢能扛得住狂野的非洲雨水的冲刷，应付我们这点水自然不在话下。

白蚁蚁冢

白蚁非蚁

白蚁并不是白色的蚂蚁，它们与蚂蚁有着本质的区别：

（1）白蚁属于蜚蠊目，蚂蚁属于膜翅目；

（2）白蚁与蚂蚁的形态不同，白蚁的触角是念珠状，身体也比蚂蚁肥大一些；

（3）白蚁是不完全变态发育昆虫，蚂蚁是完全变态发育昆虫；

（4）白蚁的工蚁有雌性和雄性，而蚂蚁的工蚁只有雌性；

（5）白蚁蚁群中有蚁王，它是蚁后的专属配偶，会一直陪伴蚁后完成种群交配任务，有时还会协助巢穴事务，而蚂蚁的雄蚁只是一个交配工具。

（1）白蚁

（2）蚂蚁

白蚁与蚂蚁的比较

从本质上讲，白蚁是一类特殊的蟑螂，可见它们与蚂蚁的关系非常远。但它们却演化出了相似的外形和习性，特别是都演化成了社会性昆虫。二者有个非常大的区别，就是它们的食物不同。蚂蚁种类繁多，植食性、肉食性、杂食性的都有，而白蚁的食物来源则比较单一——它们最喜欢的是朽木或者木材。它们具有独特的植物纤维消化能力：在白蚁的体内，共生着能专门分解纤维素的原生动物或者细菌，这些微生物在它们的肠道中生活，负责把植物组织分解成白蚁能消化的养分。但也是因为这个能力，使得白蚁成为木质家具的第一害虫，也是许多人讨厌它们的原因。但是白蚁在自然界中承担着非常重要的分解职责，除了木材，它们还会取食落叶、土壤、动物粪便等，简直就是自然界的清洁工。

白蚁大家庭

白蚁的族群同样分为负责生殖的蚁王蚁后和不能生殖的工蚁兵蚁。

白蚁的工蚁既有雌性也有雄性，它们负责群体中大多数的工作，其中最独特的是喂食。工蚁是蚁群中负责消化纤维素的角色，它们消化后的食物，不仅自己吃，还会用来喂食其他个体，包括兵蚁、幼蚁、蚁后。工蚁喂食的这种行为称为交哺，这是白蚁重要的营养供给方式，而工蚁在交哺的同时，也把共生的原生动物传递给了其他工蚁，保证了每个工蚁都有消化纤维素的能力。白蚁是不完全变态发育昆虫，它们从卵中孵化后就有类似于成虫的习性，所以在蚁群中甚至能看到未成熟的幼蚁“提前上岗”，开始承担起一些族群工作。

白蚁的兵蚁是特化的类群，它们负责专职保护种群的蚁巢和其他个体，许多物种的兵蚁演化出了夸张的大头和用于攻击的大颚，但为此放弃了取食的能力，只能依赖工蚁交哺。白蚁的兵蚁也有简单的分工，有小兵蚁、大兵蚁和象鼻兵蚁等。有的兵蚁负责用大颚撕咬敌人，有的兵蚁负责堵住巢穴洞口，而象鼻兵蚁会分泌双萜类物质来攻击吓退敌人。

白蚁的繁殖蚁有雌蚁和雄蚁，分别是蚁后和蚁王。蚁后负责持续不断地产卵，而蚁王则需要每隔一段时间与蚁后交配，重新赋予精子，因此白蚁巢穴中蚁王会一直存在，有时候还会帮忙做点“家务活”。白蚁的蚁后是极度特化的“生殖机器”，它的腹部鼓胀，每天都会持续不断地产卵，成熟蚁后每天产卵数万枚；而在工蚁的照顾下，蚁后的寿命是昆虫中最长的，有记录显示蚁后能存活 30 年以上。

冬暖夏凉的大厦

蚁巢是白蚁重要的生存之地和保护场所，是整个白蚁种群的活动中心和繁殖中心，白蚁的蚁巢大致分为三类：地下型、树栖

象鼻兵蚁

白蚁家庭

型和蚁冢型。这些蚁巢都有着错综复杂的蚁道，而蚁后则隐藏在蚁巢迷宫的深处。大多数白蚁巢是地下型，其中较原始的蚁巢是修建在木制结构中，工蚁一边取食木材一边开辟蚁道和房间，慢慢把倒木、树桩等变成自己的巢穴。树栖型蚁巢则位于树枝分叉处，能远离多数的天敌。而蚁冢型最为独特，工蚁利用黏土加上自己的粪便，修筑出一个耸立的地面蚁巢，黏土的黏性和粪便中的残留纤维素为蚁冢提供了强度，蚁冢的高度通常可达 3~4 米，而世界上最高的蚁冢有 12.8 米。

蚁冢最令科学家震撼的特点，是它们的调节系统。首先，蚁冢并不是简单的往上堆出的一个土堆，白蚁会根据当地的光照条件来修建蚁巢，磁白蚁的蚁巢是扁平的，平的一面朝东，这样清晨日出的时候能最快地吸收阳光升温；而中午时光照面积又很小，避免蚁冢过热，这是它们的温度调节系统。蚁冢上面有无数的洞口，有的洞口会有工蚁频繁出入，有的洞口却完全闲置，这些其实是蚁冢的通风管道。蚁巢整体是一个锥形，底部侧面和顶部中心分别有两组通风洞口，白天地面温度高，蚁巢中的热空气通过侧面洞口排出，形成气压差后，会有新鲜的冷空气从顶部洞口补充进来，晚上则反过来，这样蚁冢就完全依赖太阳能形成了通风系统。蚁巢虽然主要位于地面或地下，但是它们的蚁道会在地下绵延，形成了大量的孔隙，加上泥土本身的渗水作用，给蚁巢提供了非常有效的排水系统。白蚁的巢穴从外表看是一个简陋的土堆，但它内部的结构却使它成了一个冬暖夏凉的大厦。

无尽能源

能源是制约人类社会发展的重要因素，直到现在石油依然是非常重要的战略资源。科学家们一直在积极寻找着比石油更环保并且可再生的干净能源，其中一部分人把目光看向了白蚁。白蚁的肠道中共生活着大约 200 种微生物，它们能够将白蚁吃下的木材和植物进行分解，而分解时产生的氢气，就是一种非常好的能源。白蚁非常有望成为生物反应器，根据计算，一只白蚁可以用一张纸的材料生产两升氢气。目前白蚁并没有展示出它所有的秘密，科学家们还不能确定白蚁消化纤维素产生氢气的细节，但这确实是一个拥有巨大前景的研究项目。想象一下，也许有一天往汽车里倒一点木屑，就可以去不同的地方旅行了。

制造一个大型“空调”

白蚁比人聪明吗？显然不会。那我们能不能也造出一个白蚁大厦，不消耗电力，完全依靠自然环境，实现通风和温度调节？实际上这种建筑已经存在了。蚁冢通过顶部洞口和蚁冢内垂直的中空管道，利用烟囱效应来推动整个蚁巢中的空气流通。实际上，几个世纪前，生活在中东的人们就会利用“烟囱”来为房间降温；而近现代的建筑中，津巴布韦首都哈拉雷的东门中心顶部有非常多的“烟囱开口”，这些“烟囱”连通着大楼里的许多管道，就像白蚁一样可以实现自动的温度调节。

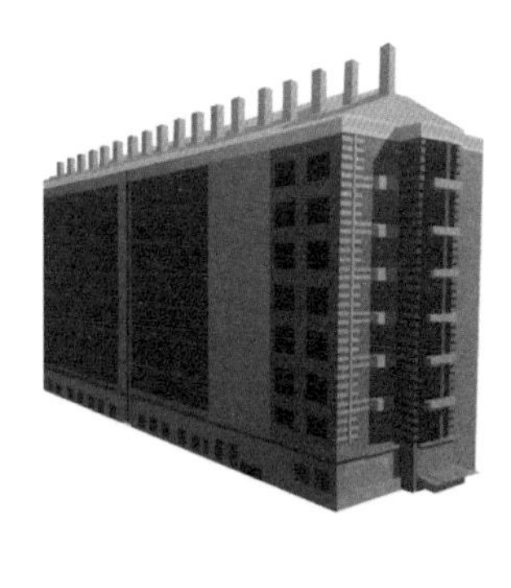

（1）津巴布韦东门中心

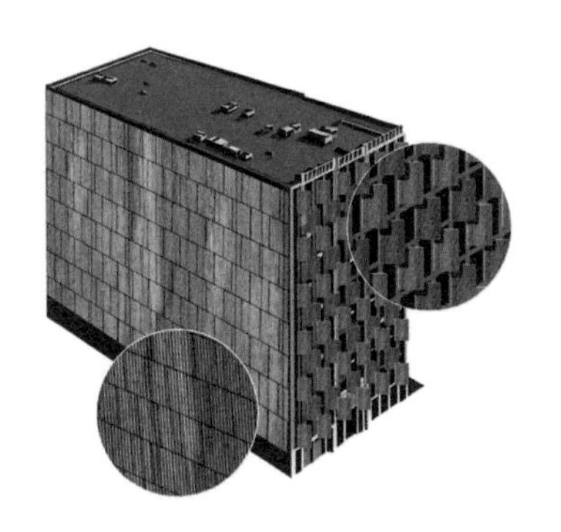

（2）墨尔本市政厅 2 号

白蚁仿生建筑

澳大利亚墨尔本市政厅 2 号通过外墙立面单元的排布，留出了非常多的通风口，这些通风口可以在大楼中形成自然对流，从而维持整座大楼的温度恒定。当我们在纠结如何使空调舒适而环保的同时，建筑学家们已经在白蚁的启蒙下，把建筑物变成一个超大型的空调了。

蝶蛾

——欺骗也是一种智慧

蝶蛾的诡计

丛林里最吓人的是什么？是神出鬼没的毒虫，还是伺机埋伏的猛兽？其实都不是，最吓人的是突然发现隐藏在叶子中的双眼。第一次进入亚马孙丛林，我就深刻地记住了这种惊吓。当我专注地在雨林下探寻，突然发现草丛中有一只硕大的眼睛盯着我，那种注视的目光足以让一切动物毛骨悚然，好在我与它早就在博物馆里会过面，我知道这是隐藏在草丛中的一只猫头鹰眼蝶。这是我第一次见到非标本类的猫头鹰眼蝶。它活生生地出现在我面前，那种精准的模拟让人十分佩服，也十分疑惑，为什么亚马孙丛林中的生物会演化出这样神奇的形态呢？在许多教科书中，都认为模仿猫头鹰可以对其他生物造成恐吓，但随着进化生物学的发展，我们发现其中可能还有更复杂的因素，答案或许会很颠覆。

眼斑在蝴蝶翅膀中是很常见的斑纹，许多科学研究表明，眼斑可以降低被天敌攻击的可能性，但猫头鹰眼蝶为何会选择模拟猫头鹰呢？实际上，不同生物的视细胞是不一样的，动物眼中的色彩与人看到的世界有很大区别，所以说猫头鹰眼蝶色彩的组合不一定就是模拟猫头鹰，而且它们并不知道猫头鹰会对其他的天敌具有威慑力，这种神奇的眼斑或许是进化上的巧合。猫头鹰为了提高视力而增大眼睛，而蝴蝶为了吓唬天敌增大眼斑，慢慢地两者产生了相似性，而有大眼斑的蝴蝶更容易生存下来。

猫头鹰眼蝶是独属于南美洲的神秘，在中国的南方则有另一种“人见人怕”的蛇头蛾。在海南国家公园的一次灯诱，我们就邂逅了一只巨大的乌桕大蚕蛾，它们没有显眼的眼斑，但是它们翅膀尖端突出，上面还有似眼睛的黑点和似嘴巴的条纹，整体非常像一条蛇的头。而且乌桕大蚕蛾的体型非常大，它们是全世界最大的蛾，灯光吸引过来的大蚕蛾，在夜空缓慢飞行像风筝一样；有一回它飞累了刚好停在我的额头上，超大的翅膀直接把我的脸都盖住了。

此外，还有模拟树叶的枯叶蝶、模拟树枝的掌舟蛾等等。蝴蝶和飞蛾其实是食物链中的弱者，它们几乎没有什么防御能力，为了生存不得已使用了一些诡计，给自己穿上不一样的“伪装”。蝶蛾的这种变化，或许是为了威慑天敌，或许是为了隐藏自己，但随着科学的探究，我们发现有些或许是为了主动吸引天敌，有些甚至是性选择的结果。科学研究能让我们不断揭示它们的秘密，但这并不妨碍大自然的神奇留给人类无尽的遐想。

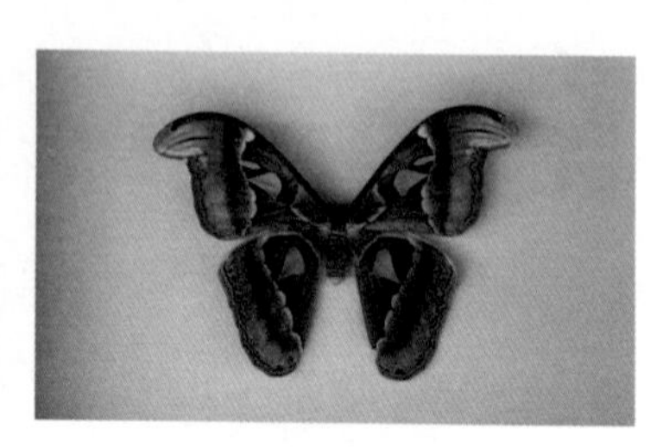

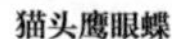

猫头鹰眼蝶

乌桕大蚕蛾

蝶蛾的美丽

蝴蝶和飞蛾翅膀上密布鳞片，这些鳞片提供给了鳞翅目昆虫多彩的颜色。人眼看到的颜色，其实是不同波长光的集合，光的三原色为红色、蓝色和绿色，这三种颜色可以组合出所有的可见光颜色。但细分起来，人眼看到的物体的具体颜色又有两类：色素色和结构色。色素色又称化学色，是由虫体上的化合物造成的，这些物质会吸收部分光波，反射的其他光波形成了肉眼看见的颜色。一旦原来的色素分子氧化、溶解，它们吸收的光波也会变化，宏观的颜色也就发生了改变。例如新鲜的菜叶是绿色的，但放久了会变黄，就是因为叶绿素分子的改变。而昆虫中的色素色也很常见，如黑色、绿色、黄色等，黑色和黄色是比较稳定的化合物分子，但绿色不稳定，例如蝗虫活着的时候身体呈现绿色，但死了之后会变成棕黄色。结构色又称物理色，是光在物体上发生折射、反射、干涉等产生的，而且往往在不同角度可以观看到不一样的光泽和色彩效果，例如肥皂泡上呈现的彩色。而且结构色是一种“全彩色”，拥有高纯度色彩，即便是同样的绿色，也会呈现出更鲜艳饱满的效果，这种一般被称作金属光泽。结构色在昆虫鞘翅目和鳞翅目中更为常见。这种颜色与活性物质无关，是昆虫体表的微观结构导致的，因此在昆虫死亡之后颜色也不会发生变化。

螽斯的色素色

吉丁虫的结构色

蝶蛾对颜色掌控的本领是昆虫中最为强大的，其他昆虫一般来说会有相对统一的色彩，而蝶蛾则可以通过翅膀上数百万个鳞片，细致地“装扮”自己。此外，它们可以通过扇动翅膀改变角度，来让自己呈现出不一样的颜色。在蝴蝶的各种装扮中，有两类最为独特，一类是将自己隐藏在环境之中的保护色，一类是突出自己同时威慑敌人的警戒色。而这些其实都是蝶蛾欺骗的智慧。

保护色——战场隐身

保护色在自然界非常常见，许多生物都会选择把自己隐藏起来，或者是为了躲避天敌，或者是为了蛰伏出击，在枝繁叶茂的森林中，不被发现是最有效的生存手段。在大自然中，树叶的绿色、树干的棕色、落叶的黄色以及夜幕降临之后的黑色，这四种颜色最为常见，也是昆虫保护色最常用的颜色。绿色的蝗虫在草丛中跳跃，棕色的知了在树上鸣叫，枯叶螳螂在秋天伏击，漆黑的独角仙只在夜晚出行……

在昆虫的保护色中，最有名的要数兰花螳螂和枯叶蛱蝶。

兰花螳螂有着极为特殊的保护色，它们平时潜伏在花朵上，等待访花的蜜蜂、蝴蝶的到来，然后将其捕获。它们的颜色特化成了漂亮的粉白色，身体也多处扁平，以更好地模拟花瓣。

枯叶蛱蝶的翅膀带有独特的弧度，前后翅合起来就像是一片枯黄的树叶；它还模拟出了叶脉和叶柄，甚至模拟了落叶的霉点，简直是极致的伪装。

鸟类是蝶蛾重要的天敌，而蝶蛾中有许多出现了模拟鸟粪的保护色。其中宽铃钩蛾的拟态最为神奇，它不仅模拟了鸟粪，甚至模拟了两只被粪便吸引而来的苍蝇，这种奇妙到不可思议的模仿，让人感慨生物演化的无所不能。

（1）兰花螳螂

（2）枯叶蛱蝶

（3）宽铃钩蛾

昆虫拟态

保护色是大多数昆虫选择的生存策略，而一些动物也有类似的方式，例如躲在叶子中的竹叶青，或者是非洲狮。而这种“隐身”的策略，在人类战场上也发挥了重要作用。现代的军事作战服，都是棕色、绿色为主的迷彩服，比起单一的颜色，迷彩服能在自然环境中更好地隐藏，并且可以实现“动态隐身”。同样，军事载具上也会进行迷彩涂装，行驶过程也很难被发现。古代的夜行服其实也是保护色的运用，虽然古人不一定知道保护色是什么，但却清楚黑色是夜晚最好的隐藏色。对于现代人类社会来说，隐藏自己并不是生存的必备技能，因此保护色的运用也局限在特殊领域。

迷彩服与夜行服

说回枯叶蛱蝶，保护色毕竟是一种比较被动的防御手段，假如伪装被发现了，它还准备了第二个手段。枯叶蛱蝶原本合起来的翅膀展开后，里面是鲜艳的橙色+蓝色，一方面，这种突然的色彩刺激，往往能让很多捕食者吓一跳；另一方面，它的颜色加上中间的黑斑，颇像一张脸。枯叶蛱蝶通过惊吓敌人，给自己争取逃跑的时间，而这种鲜艳的颜色，就是昆虫的另一种策略——警戒色。

枯叶蛱蝶的翅膀背面

蜜蜂的黄色黑色交替

警戒色——危险勿近

保护色是昆虫让自己藏起来的颜色，警戒色就是一种迫切希望别人看见的颜色。与绿、棕、黄、黑的保护色不一样，警戒色通常为更加鲜艳的橙色、红色，特别是多种颜色的组合和交替，会比单一颜色更加显眼。例如蜜蜂身上的颜色，虽然是黄色和黑色，但是这两种颜色的交替排布使得它非常显眼，这种鲜艳的颜色在预示它危险的螯针，警告敌人不要轻易靠近。

蝶蛾作为色彩大师，它们对警戒色的运用也最多。

（1）鲜艳的毒瓶。君主斑蝶拥有鲜艳的橙色，它们幼虫取食的植物乳草具有毒素，但它们将这种毒素吸收并储存在体内，把自己变成了一个毒瓶。当其他动物吃下它们，往往会被毒素刺激，下回再看见这种鲜艳的虫子，就不敢轻易尝试了。

（2）两面派。比起单独的色彩鲜艳，枯叶蛱蝶的双重保护似乎更加有效。艳叶夜蛾也有类似的本领，它们前翅模拟枯叶，后翅则是鲜艳的橙色。平时它们会用前翅盖住后翅，将自己隐藏起来，一旦有危险，它就会亮出后翅，利用这种突然的刺激来增加威慑力。

（3）眼斑。猫头鹰眼蝶的眼斑是最吓人的手段，但实际上不需要这么精准的模仿，随便的两个同心圆组成类似的眼斑就能起到相同的效果。眼斑在蝶蛾的翅膀中非常常见，美眼蛱蝶、大蚕蛾科等都有，而眼蝶亚科的许多种类，则用一长串的“眼睛”来更好地武装自己。

（4）狐假虎威。警戒色是一种有效的手段，但毒素并不是一种容易获得的能力，因此有很多无毒的昆虫，通过颜色来模拟有毒的昆虫，这种行为称为贝氏拟态。鹿蛾给自己“穿上”了蜜蜂的衣服，它们并没有螫针，但这种方式却能让一部分捕食者敬而远之，是一种奇特的警戒色诡计。

（1）斑蝶

（2）蓝条夜蛾

（3）玉线魔目夜蛾

（4）鹿蛾

鳞翅目的警戒色

相比之下，警戒色在人类社会中的运用非常广泛，很多我们习以为常的东西，其实都是警戒色的体现。人类是一种对颜色非常敏感的动物，我们会通过颜色来辨认食物和风险，而很多东西也被人为地设置成警戒色，来警告这个地方可能容易发生危险。

警戒线

警戒线通常选用的就是黑色和黄色的组合，这种跟蜜蜂一样的颜色，具有内在的“刺激”，人们不需要过多思考，就能感受到颜色带来的警示。黄色本身是比较柔和的颜色，也不会产生过度的刺激。因此黄色 + 黑色的警戒色在生活中非常常见，例如电梯、盲道、地桩、减速带等等，都是采用这种色彩组合，而这种色彩组合也只是在说，“这个地方可能有危险，需要注意，不要靠得太近”。

救生圈

救生圈作为水上用品，颜色必须是跟蓝色差异最大的橙色。救生圈关乎人命，需要让溺水者和救人者都能第一时间看到救生圈的位置。同时，橙色也是刺激度较高的颜色，它说明“有很大的危险”。

红绿灯

红绿灯是城市中最常见的一对颜色，那为什么非得是红色呢？因为在人类的眼中，红色的刺激度最高，是最能代表危险的颜色。红色也是最鲜艳、最难以忽视的颜色，红色的动物一般都代表着剧毒，而将红色运用在交通信号中，说明这个地方“极度危险”。

（1）警戒线

（2）救生衣

（3）红绿灯

警戒色在生活中的运用

当然，警戒色的运用远不止此。颜色能丰富生活，也能诉说故事。生活总是多姿多彩的，下一次可以多加留意，无论是自然的角落，还是城市的角落，看看不同的颜色，在传递着怎样的情绪和故事。

第六章

展望

昆虫科学的未来

蝴蝶

——巧妙的万分之一

爱美的蝴蝶

亚马孙丛林是神秘的，这里的动物会利用茂盛的植物来隐藏自己，特别是白天的时候。但也正是在白天，那些长得漂亮的动物会肆无忌惮地炫耀自己，我们甚至不需要专门去寻找，它们自己就会出现。它们有着绚丽的蓝色，这是非常典型的结构色，蝶翅上的鳞片在阳光的照射下呈现出非常独特的色彩，特别是在飞行的时候，随着闪蝶翅膀的扇动，呈现出亮－暗－亮－暗的节奏，就像是灯塔一般。每一次我们看见亮光闪过，就知道闪蝶来了。而闪蝶的飞行路线也十分独特，它们不像正常的蝴蝶一样有明显的轨道，而是像喝醉酒的司机，在空中飞成S形、C形、O形等各种各样的弧线。闪蝶这种高调的炫耀是很容易引来天敌注意的，是十分危险的，但对闪蝶来说，这样做也是它们寻找配偶的最佳方式。我们还发现，闪蝶特别喜欢在雨后出没，下雨之后的丛林中气温很低，许多动物都还在寒冷中瑟瑟发抖，而闪蝶却已经早早地做好热身，趁着天敌还动不了的时候，开始了自己求爱的舞蹈。令我们感到奇怪的是，即便是在烈日当空的中午，闪蝶也能承受得了高温的天气，或许它们还有着独特的降温方式。因此每一次亚马孙之行，闪蝶都是我们非常重要的观察目标，不仅是因为它美丽的色彩令人着迷，更是因为它每每都能带给我们全新的思考和发现。

秘鲁的闪蝶

蝶翅结构

蝴蝶的翅膀其实由三个重要结构组成，分别是翅膜、翅脉和鳞片。翅膜是蝴蝶翅膀的主要部分，在蝴蝶飞行的时候提供升力。翅脉是蝶翅上起到支撑作用的结构，同时也是传递体液的结构。翅膜和翅脉是昆虫翅膀的共同特点，是昆虫能飞行的关键。而鳞片是附着在翅膜上的额外结构，是蝴蝶和飞蛾特有的，也是蝶蛾被列入鳞翅目的原因。蝴蝶的翅膀表面覆盖有数十万至百万的鳞片，这些鳞片像瓦片一样整齐排列在翅膜上。有的鳞片本身含有色素，而有的鳞片则是依靠微观结构来呈现出结构色。对蝴蝶来说，鳞片是它们颜色的关键，不同种蝴蝶通过鳞片的排列组合，呈现出独特的色彩，或用于求偶，或用于隐蔽，或用于恐吓。但鳞片也不是必要的，鳞片的脱落并不会影响蝴蝶翅膀的完整性，甚至有的蝴蝶主动放弃了鳞片，让自己变“透明”。但鳞片除了“化装”以外，还有更多的作用。

鳞片给蝴蝶翅膀提供了防水性。蝴蝶的鳞片是特化的角质结构，本身是防水的，而许多鳞片密集排列，完全盖住了脆弱的翅膜。同时，由于鳞片非常小，它们形成的空隙也非常小，当水滴滴在蝴蝶翅膀上，无法浸润散开，于是水滴在表面张力的作用下会呈现出球形。因此蝴蝶其实并不害怕下雨，适量的雨水甚至还会帮它们带走翅膀上的灰尘。但是大雨的击打是会把翅膀穿破的，所以每次大雨来临之前，它们都会躲在树叶下面，静静地等待雨停。

鳞片还可以转化太阳能。

蝴蝶是一种昆虫，它们都属于广义上的冷血动物，无法调节自己的体温，只能完全由环境决定，因此昆虫的活跃时间受季节影响非常大。但蝴蝶是最善于飞行的昆虫之一，它们需要较高的体温来减少飞行时的热量消耗，因此蝴蝶阴天很少出来。而蝴蝶翅膀上的鳞片，对于它们的体温调节起到了至关重要的作用。相比起普通的翅膀，鳞片的瓦状覆盖大幅增加了翅面的表面积，加上许多蝴蝶以深色的鳞片为主，增加了对阳光的吸收效率。此外，遍布翅膀的翅脉能快速地将鳞片获得的温度传递到躯干中，让全身达到平稳的温度。因此蝴蝶是每天早上最早出来晒太阳并最早开始行动的昆虫之一，也是雨过天晴之后能最快给自己升温并开始行动的昆虫。

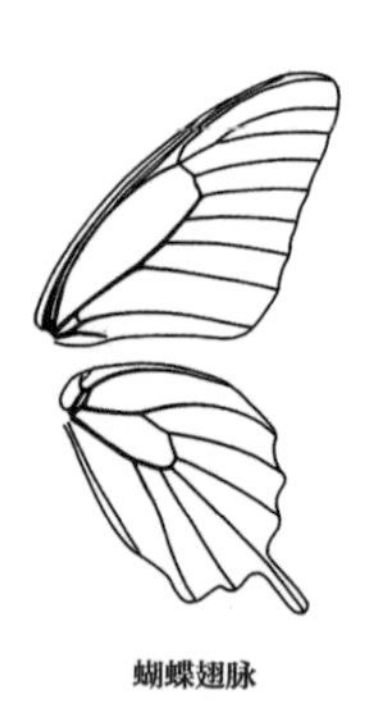

蝴蝶翅脉

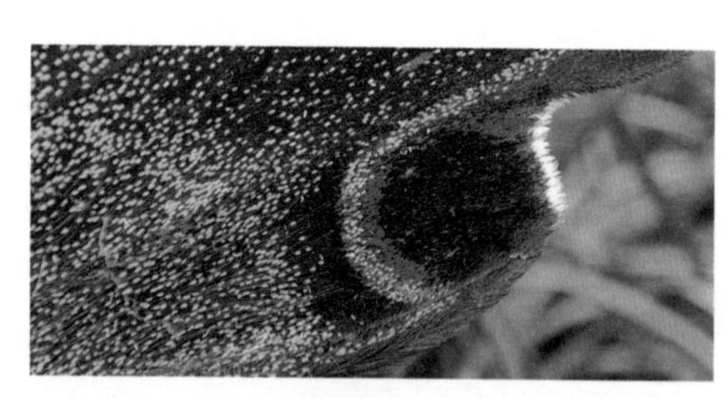

蝴蝶的鳞片

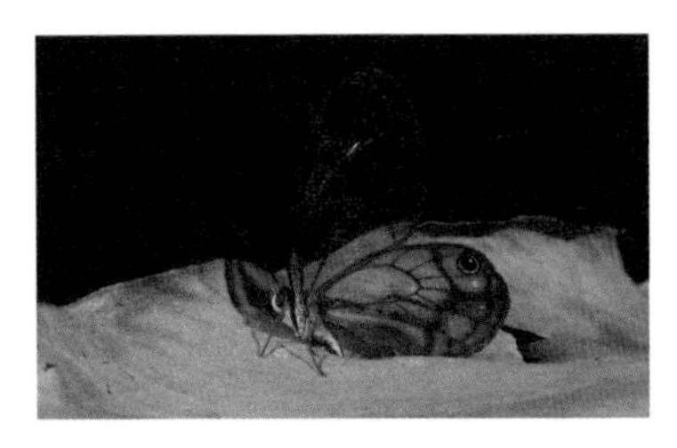

“透明”的绡眼蝶

蝴蝶翅膀的防水性

“捕获”阳光

太阳能是一种可再生的环保能源，20 世纪 50 年代，第一个真正的太阳能电池被发明出来，它可以将太阳能转化成电能并储存在电池中，并用于其他电器。这是一个划时代的发明，有望解决人类未来发展的能源危机。但目前来说，太阳能电池的转化效率不尽如人意，即便是实验阶段的电池，效率也只有 20% 左右，并不能作为完全的供电手段。提升太阳能电池效果的设想有很多，例如增加电池表面积、减少转化过程中的能量损失等，但就目前阶段而言，最有效的方法是增加电池数量。这个方法在一些商业用地上或许是可行的，但在一些体积受限的地方，制约因素还是电池板本身的转化效率。新型材料的研发或许是一个突破点，有些科学家则在蝴蝶翅膀上看到了希望。

蝴蝶翅膀有很强的光转化效率，它们的翅膀面积并不大，但照射到翅膀上的光线，会在繁多的鳞片上发生折射、反射、干涉、散射等多种光学作用，这些作用大大增加了鳞片对光的吸收和转化。此外，蝴蝶还会动态调整翅膀的角度，以使翅膀接受光线的面积最大化。目前为止，蝴蝶翅膀对太阳能电池板的研究启发包括但不限于：

（1）缩小光电池单元。蝶翅并不是一个完整的平面，而是有很多鳞片排列，每一个鳞片都是一个吸收太阳光的单元。通过缩小光电池单元，能够在总面积不变的情况下，提升光电转化效率。

（2）独立控制。如果每个光单元能实现独立控制，并在智能终端的控制下，实时地调整角度，实现每一个单元最大化的光吸收，那带来的效率提升将是非常客观的。

（3）仿蝶翅镀膜。在太阳能电池板上覆盖一层仿蝶翅镀膜，来增加光的折射作用，便能增加光线进入电池的机会，也能更好地“捕获”光线。

（4）实现自清洁。太阳能电池的大规模使用能缓解能源问题，但电池板的清洁度是保证光吸收的重要因素，却也是重大的维护难点。而仿蝶翅的镀膜，能为电池板提供更好的防水性，既不容易积攒灰尘，还能在遇到雨水天气时实现电池清理，大大降低了维护难度。

太阳能电池板

在太阳能电池板发明仅10年后，它就被运用在了人造卫星上。迄今为止，太阳能电池仍是航空飞行器最重要的供电源。但是运载火箭受到配重的限制，无法携带过多的配件，因此保证太阳能电池的转化效率至关重要，目前我们已经看到了希望。

散热系统与翅脉

蝴蝶的翅脉是它们另一个调节体温的重要结构。翅脉遍布翅膀的各个部位，并最终汇集到蝴蝶身体中间，但它不是简单的发散，而是在靠近身体的位置有一个环形翅脉，相当于主脉，主脉再向着翅膀边缘分散支脉。蝴蝶翅脉的这种分支结构，使得它们翅膀的各个部位收集的热量可以快速传递到躯干中，实现身体的恒温。这对于蝴蝶非常重要，飞行是它们最重要的逃生本领，它们需要随时准备好飞行。在不同种类的蝴蝶中，凤蝶翅膀较大，而且整体以黑色为主，它们的飞行能力也相对较强。而有些蛱蝶以别的颜色为主，但是在翅脉两边的鳞片却是黑色的，以此来加快吸收热量的速度。相比之下，大多数飞蛾都是夜间生活，它们的颜色更多的是其他的用途，没有分布用于吸收光线的黑色鳞片。

（1）翅膀黑色的凤蝶

（2）翅脉黑色的粉蝶

（3）夜间生活的大蚕蛾

蝶翅颜色与习性的关系

蝴蝶翅脉的导热能力，也能对一些精密仪器的冷却起到指导作用。电子设备发热会影响设备运行和寿命，冷却是非常重要的课题。传统的冷却使用的是螺旋结构，虽然增加了冷却液的接触面积，但冷却液流动距离过远，能带走的热量十分有限。而根据蝴蝶翅脉做的仿生流道，中间的流道负责吸收热量，并且可以很快地传递到两侧主流道，这样中间流道能一直维持在较低温度，散热效果更佳；同时，设备整体的温度分布更匀称，均温性能更好。这种蝶翅仿生流道的冷却结构有望解决精密设备的冷却难题。

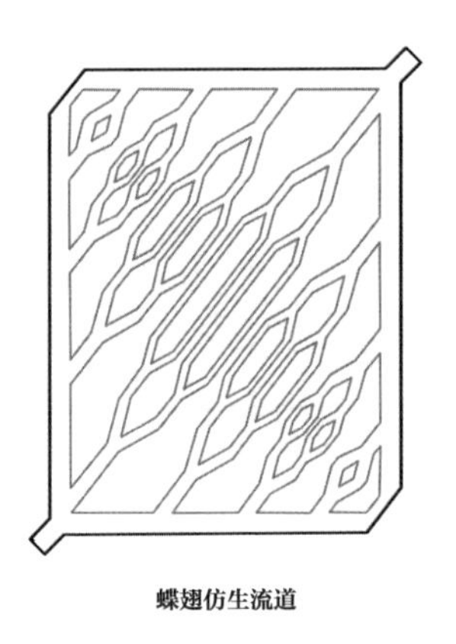

蝶翅仿生流道

蝴蝶是人类接触最多的昆虫，它们活跃、美丽、灵动，喜欢和研究蝴蝶的人也非常多。但我们对它们的了解还不全面，在数千年的陪伴中，蝴蝶给人类带来的不只是浪漫故事与文化传说，还有无尽的科学未来。

蟑螂

——无往不利

遗世独立的蟑螂洞

马来西亚是全世界著名的燕窝产地，山打根的戈曼洞中，有成千上万的金丝燕在石壁上筑巢，洞穴深不见光，洞壁湿润光滑，极难有天敌能偷食它们的蛋。当地人在洞壁边缘修建了栈道，方便定时去采集燕窝，我们非常感兴趣这种独特的洞穴生态，便在当地人的带领下前往观察。谁承想，我们还没走进洞穴，就有一股浓烈的难闻的氨水味从洞口飘了出来，熏得我们直捂鼻子。我们强忍着味道，沿着栈道在洞中绕行了一圈，壁顶的燕窝数量十分震撼，密密麻麻地排布，有些更高的角落里还会有被惊醒的蝙蝠飞舞。在洞穴中间，是堆积成山不知道已经积累了多少年的燕子屎，所有的臭味都是从这里散发出来的。我们努力地贴着墙壁行走，根本不想去看。然而一个调皮的老师往里扔了一块小石头，结果这个粪便堆竟然像活过来一样在蠕动，我们发现里面有数不尽的蟑螂在钻来钻去，极其震撼，把我吓得快神志失常了。这么一闹我们才发现，在洞穴壁上也爬着很多蟑螂，它们在手电光下显得格外油亮，但我们完全没有心情多做观察，迅速逃离了这个令人心惊胆战的地方。

这种潮湿昏暗的洞穴，不仅给金丝燕提供了绝佳的天然庇护所，也是蟑螂们最喜欢的环境。而由于有燕子的粪便给它们提供营养，它们也不再需要离开洞穴，在千万年的演变中，慢慢成了与世隔绝的洞穴生物，成了当地的特有品种——戈曼洞蟑螂。它们有着高超的攀爬本领，在湿滑的石壁上如履平地，在复杂的洞穴环境中来去自如。

蟑螂腿的小心机

腿是陆地生物非常重要的器官，所有陆地上的动物都有或多或少的“腿”。从最少的开始，没有腿的蛇和蜗牛，它们善于在多样化的环境中爬行，但速度绝对算不上快。两条腿的人和鸟，一个是哺乳动物的最强者，一个是爬行动物的最强者，可见解放“双手”非常有效。4 条腿的一切动物，是自然界最常见的类型，4 条腿能提供更好的稳定性和奔跑速度，地球上速度最快的动物就是4条腿的猎豹。6条腿的昆虫是物种多样性最高的类群，它们生活在地球上的各种地方。8条腿的蜘蛛，100多条腿的地蜈蚣，1 000多条腿的马陆，节肢动物们有着更多的腿。

昆虫是地球上数量最多、种类最多的生物类群，那6条腿给它们带来了哪些好处呢？首先，昆虫腿一般称为足，为昆虫提供支撑和行动能力。但其实6条腿显然是有点多余的，更何况许多昆虫成虫后具备飞行能力，腿的步行功能就更加不重要了。因此昆虫6足的最大优势，是在于足的分化。昆虫足的最基本类型是步行足，但许多昆虫会将足进行“改装”，赋予它们别的能力，例如蜜蜂的后足特化成携粉足，具备大量绒毛用于携带花粉；蝼蛄的前足特化成挖掘足，用于在地底下挖土；螳螂的前足特化成捕捉足，有了更远的攻击距离。

但也有些保留了全部的6条步行足，用于在复杂的地面活动或者快速奔跑，蟑螂就是其中一种。与动物的4条腿分布的躯干边缘不同，昆虫的六条腿是从身体中间的胸部往外长出的，因此它们要比四足动物更难保持平衡。而6条步行足最大的好处就在于稳定性，昆虫爬行的时候，它们往往是一边的第一条腿、第三条腿和另一边的中间腿抬起，其他腿着地，这样就能保证着地的至少有3条腿，并且这3条腿形成了一个稳定的三角形。这种三脚架一样的步态，使得蟑螂可以在任何环境都如履平地。此外，它们足的末端长有爪，这是一个类似于抓钩的结构，因此蟑螂即便是在垂直的墙面甚至是天花板上爬行，也完全不会掉下来。而当蟑螂奔跑起来，它们的速度可以达到 1.5 米 / 秒，换算成同样的大小，速度是猎豹的两倍！蟑螂奔跑时的步态也跟猎豹类似，它们前面的两条腿先同时着地，然后中间的两条腿同时着地，再然后是后面的两条腿。这种类似于蹦蹦跳的方式能够给蟑螂提供极快的加速度，帮助它们逃离危险。所以很多时候蟑螂已经跑出去几米远，但是它们的大脑还没来得及想明白为什么要跑。

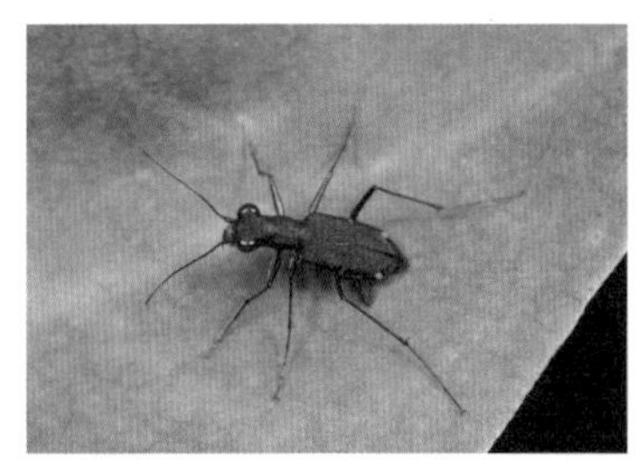

（1）虎甲的步行足

（2）蝼蛄的挖掘足

（3）螳螂的捕捉足

（4）蝗虫的跳跃足

昆虫足的特化类型

缩骨功大师

昆虫的体表有着几丁质外骨骼的包裹，这层结构给它们提供了躯体的支撑和保护作用，但也正是因为外骨骼，它们无法像蚯蚓、蜗牛那样随意改变形状。但在昆虫之中，蟑螂的变形能力是最强的。蟑螂的原生环境是草底、落叶堆、碎石堆这样的环境，活动空间有限，因此它们本身已经演化成较为扁平的形状。但蟑螂还有将自己进一步压扁的本领：实验显示，蟑螂原本的高度大约为 12 毫米，但当它们要通过一个缝隙时，它们可以将自己压缩到只有 4 毫米高。此时的蟑螂身体被挤扁，腿也不得已伸得更远，但蟑螂的厉害就在于，它们可以在这种“缩骨”的状态下通过一段管道。正是借助这种本领，家中的蟑螂可以躲在一切缝隙之中，防不胜防。甚至我们在踩蟑螂的时候，它们也不一定会被踩死。而科学家们正是看重了这种特性，设计了一种不会被踩扁的机器人，这种机器人与蟑螂体形相似，由多层不同材料制作而成，在电流的作用下会快速地弯曲和伸直，以蹦蹦跳的方式行进，与蟑螂如出一辙。最关键的是它拥有极强的承重能力，扁平的结构使得它能承受 100 万倍于自身体重的重量而不会受损。这种特性使得它能适应一些极端环境的探索任务，例如在地震废墟中开展搜救工作。

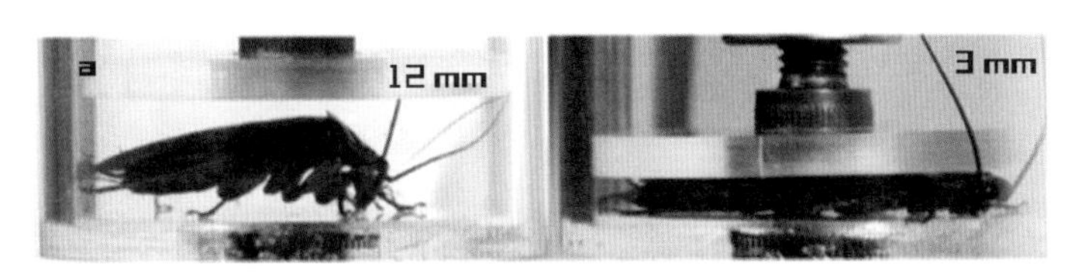

蟑螂压缩实验[①]

六足机器人

机器人是未来科技发展的主流，它们能在很多人类难以抵达的地方进行作业，其中最重要的两个领域分别是废墟搜救和外太空探索。目前废墟搜救的主流手段仍是人力，辅以相关的探索设备和搜救犬，但人力的搜救效率有限，而搜救犬的培养难度较高，因此各国都在推动搜救机器人的研发。而在外太空探索领域，机器人无疑是最好的选择，它们抵达了人类尚未涉足的地方，是宇宙的开拓者。至今为止，主要服役的机器人还是传统的轮式机器人或履带机器人，它们在相对平坦的地面上的运行很顺畅，但在崎岖的地形，移动效率则大幅降低，有时甚至无法行进。特别是在废墟堆中，这两者完全无法发挥作用。

① Kaushik Jayaram and Robert J Full. Cockroaches traverse crevices, crawl rapidly in confined spaces, and inspire a soft, legged robot. PNAS(2016).https://doi.org/10.1073/pnas.1514591113

因此，科学家们将目光瞄向了最擅长在复杂地形移动的蟑螂。日本研究员将电子设备“背包”安装在蟑螂的身上，培养了一批蟑螂器械兵。研究人员通过“背包”发出的信号控制蟑螂的行动，同时收集数据。这些蟑螂兵不会被器械影响，随着器械的小型化，成群的蟑螂可以快速地在废墟的各种缝隙中穿行，或许蟑螂会成为未来搜救工作的主力军。

但蟑螂毕竟是生物，如果能做一只完全机械化的“蟑螂”呢？这就是步行机器人！其实步行机器人已经有了很多的研发投入，它们能在复杂的环境中移动，具有非常好的应用前景。而在其中，又以六足机器人尤为引人注目。在废墟的爬行中，模仿动物的四足机器人不够稳定，容易翻倒，而六足机器人则体现了它的优势：每迈出一步，都能有至少 3 条腿用于支撑，形成稳定的三角形。虽然控制上复杂了一点，但是多了两条腿的容错率，也多了更多的行进方向，或许这也是昆虫们选择 6 条腿的原因之一。实际上，对昆虫来说，如果它们在行动时，每次两条腿交替落地，能实现速度的最大化，但绝大多数昆虫都是用的三脚架步态，它们宁愿牺牲速度也要保证行动的稳定性。

六足机器人现在是个很热门的课题，我们非常期待它能在未来运用于各个领域。但就目前来说，我们在昆虫身上学习到的还只是皮毛。昆虫的每一条腿都可以再细分成 5 个功能不同的小节，而机器人的腿我们却只能有 2~3 节的控制，并且不能实现

半机械蟑螂[1]

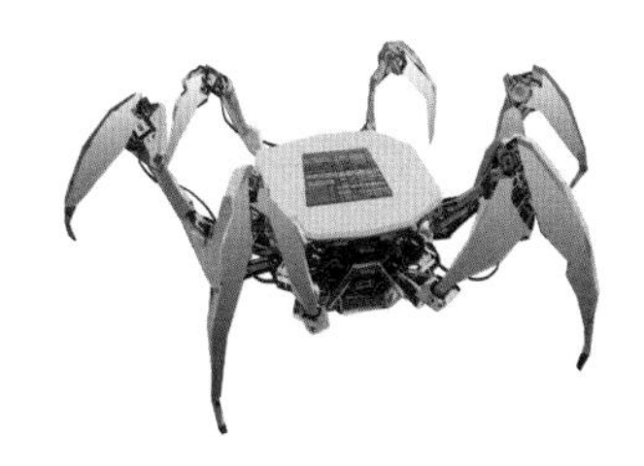

六足机器人

昆虫那样的灵活性。昆虫在数亿年的时间中，早就熟练掌握了控制 6 条腿的方式，甚至蟑螂的腿无须经过大脑，自己就能动起来。总有一天六足机器人会放射它的光芒，希望到时候你能记起来，原本人见人恨的蟑螂，也为现代科学贡献了自己的生存智慧。

① Yujiro Kakei, Shumpei Katayama, Shinyoung Lee et al. Integration of body-mounted ultrasoft organic solar cell on cyborg insects with intact mobility. npj Flexible Electronics(2022). https://www.nature.com/articles/s41528-022-00207-2

苍蝇

——“残疾”的飞行冠军

苍蝇故事

每一次在全世界不同地方科考，除了能见识到不同自然环境的生物，吃不同地方的美食也是最令人期待的体验。斯里兰卡是亚洲游猎动物的绝佳选择地，我们乘着越野车在草原上近距离观察动物，然后在周边享用地道的当地美食。斯里兰卡也有美味的咖喱，而且这里的咖喱更加干净卫生，但毕竟我们在野外环境中，蚊蝇是难以避免的。在咖喱刚刚盛上来的时候，我们就发现了落在桌子上的一只绿头蝇，凭着对昆虫的敏锐直觉，我们判断出这是一只喜爱粪便的丽蝇。考虑到周围有不少动物，我们坚决不让这只绿头蝇触碰到我们的食物。于是我们第一时间的想法是拍死它，没承想，一群有着十几年采集昆虫经验的“老专家”，竟然打不着一只苍蝇，我们只好一边吃边一边盯着它的行踪，与它斗智斗勇。后来实在是受不了，我回车上拿起了捕虫网，可惜在餐厅里不好施展，还是让它逃之夭夭了。餐后，我们找来了一个塑料瓶，把剩下的一点食物放进去，制作了一个简易的苍蝇陷阱，在人类的智慧面前，再灵活的苍蝇也只能落入圈套。第二天再来的时候，我们已经做好了十足的准备，我们知道它们的其中一对翅膀特化成了平衡棒，这是它们灵活的关键。于是我们取出剪刀开始实验：在剪掉了一边的平衡棒后，苍蝇的飞行变成了弧线绕圈，有时候还会发生侧翻；在剪掉两边的平衡棒后，苍蝇虽然能飞起，但是完全没有规律，还特别容易向前翻滚，这时候徒手都能直接抓住。没想到真的就是这么一个小小的结构，竟然戏耍了我们一行人。

以少胜多

昆虫是最早称霸天空的动物，早在3亿多年前的石炭纪时期，它们就长出翅膀获得了飞行能力，也是在这个时期，它们开始了迅速的辐射进化，奠定了种群基础，成为物种多样性最高的一类生物。虽然在后来出现了翼龙、鸟类、蝙蝠等脊椎动物飞行家，但得益于它们的数量和飞行能力，昆虫无论在哪一个时期，都占据了地球生态圈非常重要的位置。

绝大多数昆虫羽化成虫后会有 4 片翅膀，分别为一对前翅和一对后翅。昆虫翅膀最主要的功能是飞行，但与其他有翼动物相比，4 片翅膀的数量给昆虫提供了更多变化的可能性。例如甲虫的前翅特化成鞘翅用于防御，蟋蟀靠两片翅膀的摩擦来鸣叫，等等。而在昆虫的一些类群中，它们似乎觉得 4 片翅膀有些多余，只长出了两片翅膀，这就是双翅目昆虫。生活中常见的蚊子和苍蝇就是双翅目昆虫，它们拥有两片正常的前翅，但是它们的后翅变成了两个类似于棒棒糖的结构，这两个结构在它们的飞行中起到至关重要的作用，这显然是一种有益的改变，因此双翅目后翅变成平衡棒实际上是发生了特化，而不是退化。当苍蝇的前翅在扇动时，它的平衡棒也会进行频率相同但方向相反的相对振动，这种振动甚至能达到每秒钟 330 次，保证了它们在飞行时的稳定性。而在苍蝇急转弯时，平衡棒在惯性作用下会弯向反面，而这种弯曲的信息会传递给苍蝇的大脑从而及时纠正飞行姿态。而由于后翅的缩小，苍蝇的前翅必须扇动更快的频率以提供飞行动力，苍蝇也因此变成了嗡嗡叫的令人讨厌又打不着的害虫。平衡棒的重量很小，但它独特的末端膨大结构和灵活的摆动空间，给双翅目昆虫提供了很强的飞行控制能力，它们可以在空中快速飞行、急停、急转甚至悬停。在双翅目家族中，有很多具有高超飞行技巧的成员，例如成群结队像一团烟一样在空中飘着的摇蚊、像战斗机一样有着最强空中追击能力的食虫虻，以及能边飞边交配的舞虻。

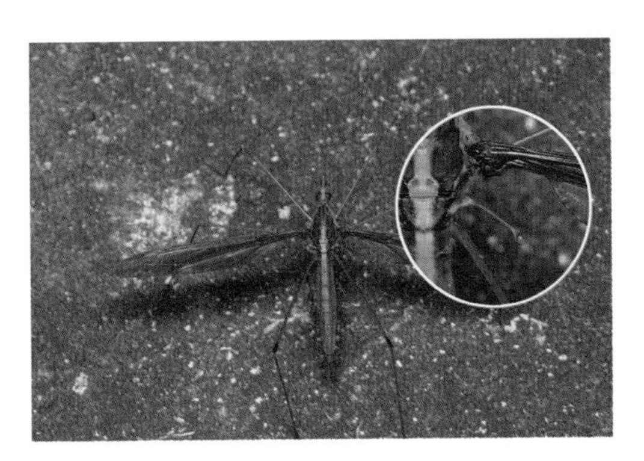

双翅目昆虫的平衡棒

空中定格的假蜜蜂

如果给动物的飞行能力排个等级，那么滑翔就是最初级的技巧。许多飞行动物包括鸟类、翼龙类都是依靠滑翔来实现长距离飞行，甚至一些没有翅膀的鼯鼠、飞蛙等也会通过特殊的翼膜在树林间滑翔。中级能力便是主动起飞，这种能力非常依赖翅膀，鸟类、昆虫依靠翅膀向下方、后方扇动，来获得飞行的升力和向前的动力。而空中悬飞是最高级的飞行技巧，悬飞并不是不动，而是通过翅膀完全向下的扇动来提供升力，以维持在一定的高度和位置。这意味着翅膀的扇动需要保持在一个较高频率，对体力是极大的消耗，因此悬飞是一种极难的飞行能力。脊椎动物中唯一能悬飞的是蜂鸟，它们喜欢花蜜，但是花朵无法支撑它们的体重，只能悬飞在和花朵一样的高度。蜂鸟翅膀在扇动时并不是简单的上下拍动，而是以“8”字形滑动，这种高效的运动方式可以减少翅膀抬起的阻力，增加翅膀提供的升力。

昆虫虽然是最早的天空霸主，但是昆虫的翅膀通常只是一片基本的薄膜，而且较小，光是普通飞行都需要两对翅膀的频繁扇动，连滑翔能力都不太具备，更别说悬停了。当然，也有少数能悬飞的家族——鳞翅目的天蛾和双翅目的食蚜蝇。食蚜蝇的翅膀虽然“少”了两只，看起来是飞行劣势，但这反而使得它们的前翅运动更加灵活，可以有更多的角度变化，加上后翅在飞行中调节平衡，悬飞对它们来说并不算难。长喙天蛾的前翅与后翅发生连锁，联合起来之后是与鸟类翅膀类似的形状，而它们的体态、飞行姿势也跟蜂鸟非常相似，经常被认错，甚至有了“蜂鸟蛾”的别称。其实许多双翅目的昆虫都有悬飞的本领。食蚜蝇甚至能定点盘旋，它们能准确地在空中多个地点来回移动，每次都是分毫不差，具有超强的“精确定位”能力，是导航系统和飞行控制技巧的双重展现。

作为一种具有高超技巧的飞行家，食蚜蝇在选择食物上也非常讲究。它们小的时候喜欢吃蚜虫，长大之后则吃花蜜，这两者都是高糖分的食物，能为它们的高难度飞行提供足够的能量。而它们也拟态成了蜜蜂的样子，混入蜜蜂家族，免得被人欺负。

侦察大师

飞天一直是人类的梦想，但我们对飞行器的需求，也不仅仅是代步工具。小型飞行侦察器在军事领域和勘探领域都有非常好的应用前景，而这个飞行器竟然从头到尾都师从小小的苍蝇。

发达的动态视觉。苍蝇具有超大的复眼，覆盖了几乎整个头部，这给它们提供了更广阔的视觉范围。此外，苍蝇的复眼由单眼组成，它们可以将运动的物体分成连续的画面，由小眼轮流观看，具有很高的帧数，即便在高速飞行中也能准确看清环境。通过模仿这些本领制造的"蝇眼"照相机具有更高的分辨率和帧数。蝇眼本身还是一个测速仪，能实时了解自己的飞行速度，进而在空中追逐战中占据优势。而根据其中原理研发的飞机地速指示器也已经在飞行器上运用。

精巧的飞行本领。小型飞行器的飞行原理与大飞机完全不同，因此需要模拟苍蝇扑翼的方式来实现飞行。但苍蝇的飞行同样不是简单的上下扇动，它们有至少 3 种翅膀运动方式，从而形成了一个复杂的三维轨迹，并且可以达到 100 赫兹的扇动频率。而机器苍蝇不仅需要降低重量，还需要更复杂的部件来实现对机翼的控制,而飞起来之后还要及时地根据实际情况改变运动轨迹，因此它需要向苍蝇学习的地方还有很多。

稳定的空中平衡。苍蝇的平衡棒其实是一个特殊的感觉器官，就像陀螺仪一样帮助苍蝇感知飞行过程中自身的转动。而根据平衡棒的作用原理，科学家们也研究了运用在飞机上的导航仪器，可以实时监控飞机的相对位置，防止飞机在空中翻滚；同时，在飞机转弯时也能起到航向指导。

高超的躲避技巧。苍蝇可以在高速飞行中巧妙地躲避障碍，这与它们全身的机能都有关系。研究显示，它们仅通过视觉反馈就能躲避障碍，这得益于它们小巧的体型，它们可以以非常快的速度传递信号，并且由翅膀和平衡棒执行精确的飞行命令。这种简单的保命技巧却需要人类采用大量的传感器来模拟类似的效果，因此对苍蝇躲避能力和导航技巧的研究能使飞行器应对更复杂的飞行挑战。

全能的苍蝇老师

苍蝇的本领不仅体现在飞行能力上，它们的很多技巧都可以改变人类未来某个领域的科技。

苍蝇通过脚上的肉垫和黏液实现在垂直墙壁甚至天花板上的爬行，仿生“苍蝇机器人”或许可以运用于高层建筑外墙清理和悬崖勘探。苍蝇嗅觉灵敏，能飞行数千米“寻臭”，仿生苍蝇嗅觉的气体分析仪已经在宇宙飞船的座舱中不断嗅探，它还可以作为潜水艇和矿井等地方的有害气体警报器。仿平衡棒的平衡感应器或许可以协助有运动障碍的患者。

当然，科学家们从来不会单独地在某一种昆虫上寻找灵感，蜻蜓、蜜蜂都有各自的飞行本领，苍蝇、蚊子也不只是惹人烦的害虫，它们或多或少都启发了现代科学。不耻下问，不断探究才是科学发展的康庄大道。

蠼螋

——展翅翱翔的未来

一寸长一寸强

弱肉强食是大自然的基本准则，吃与被吃都是每一种生物与生俱来的宿命。我们在贵州麻阳河科考过程中，在河边的灌木上目睹了一场有趣的争斗。我们发现有两只细长的虫子在准备打架，靠近一看才发现分别是一只蠼螋（qú sōu）和一只隐翅虫。它们因为相似的生活习性演化成了相似的形态，但它们完全不是一个家族。蠼螋的尾巴有一个“夹子”，它举起腹部向前准备进攻，隐翅虫没有夹子，但也抬起腹部不甘示弱。可惜它的勇气在武器面前不堪一击，蠼螋轻松地夹住隐翅虫，然后美美地饱餐了一顿。蠼螋是一类胆小的昆虫，印象中它们总是“偷偷摸摸”的，这一次用尾钳威猛捕食的行为我们还是首次亲眼观察到。我们非常好奇蠼螋的这个捕食姿势，结果由于靠得太近，它竟然突然间把翅膀打开了，露出了大而艳丽的后翅，但是待在原地没有飞走。可能它受到了惊吓，想通过这个来吓唬天敌。过了一会儿，它的翅膀又突然间弹回去了，仿佛有个机关，瞬间折叠得很小并藏在前翅下，非常精妙。

蠼螋是一类分布很广泛的昆虫，它们也会出没在住房内，但野外的蠼螋会更加好看奇特，或有着鲜艳的金属颜色，或有着长而威武的尾夹，但其实它们都很少会展开翅膀，无论怎么挑拨，许多时候它们会迅速落到地面上逃窜不见。说不定我们看见的那只亮翅的蠼螋，其实是在护食呢。

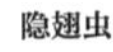
隐翅虫

蠼螋

不爱钻耳朵的耳夹子虫

蠼螋是革翅目昆虫，它们翅膀的特化方式和甲虫类似，前翅特化成较为坚硬的革质翅膀用于保护身体，后翅则是普通的膜翅用于飞行，平时收在前翅底下。然而奇怪的是，蠼螋的前翅“铠甲”非常小，完全无法保护自己长长的腹部，最多只能保护翅膀。蠼螋不善于飞行，也极少飞行，它们只能依靠后翅进行短距离的飞行。大多数时候蠼螋更愿意待在地面，遇到危险的第一反应也是往下逃跑。而且蠼螋是不完全变态发育的昆虫，若虫与成虫长得几乎一样，翅膀对它们来说似乎是个可有可无的结构。

蠼螋外表最独特的结构是它的尾钳，是由尾毛特化而来的，一左一右形成了一对钳子。不同种类的蠼螋钳子的形状和大小都有差异，功能也不一样，有的是捕猎工具，有的是吓唬天敌的幌子，还有的种类尾钳很小，或许它们并不喜欢这种张扬的生活方式。当然，无论是哪一种，都不要轻易去挑衅它，生气的蠼螋是会用尾巴“咬”人的。

蠼螋中的一些种类“入侵”到了人类的生活环境中，它们出没在厕所、厨房、衣柜等阴暗潮湿的地方。蠼螋还有一个可以伸缩自如的腹部，这可以协助它们在土壤中的移动，但人们不清楚，看到蠼螋怪异的长相和收缩的肚子就觉得害怕，给它起名耳夹子虫，认为它会趁人睡觉时钻进耳朵里，甚至在里面产卵筑巢。虽然蠼螋喜欢阴暗环境，但人类的耳道对它们来说太短了，蠼螋妈妈会非常认真地照顾卵，它们不会选择在这么不安全的位置产卵。实际上蠼螋也并非害虫，它们并不会吃我们的食物或者家具，反而是专门捕食一些居家害虫，是家中的小守卫。

隐形的翅膀

对昆虫来说，翅膀确实是个便利的结构，让它们能有更广阔的活动空间。但有时候翅膀也会成为累赘，在不飞行的时候，硕大的翅膀很容易暴露自己，因此很多昆虫都会把翅膀“藏”起来。例如蝉的翅膀顺着身体摆放，蝽的翅膀则左右覆盖来减少面积。而一些昆虫将翅膀折叠起来。例如螳螂的后翅可以像纸扇一样折叠，甲虫的后翅对折两次后收在鞘翅底下。

各种昆虫“藏”翅膀的方式（蝉、螳螂、蝽、甲虫）

而蠼螋是昆虫界的折纸大师，它们的前翅非常小，后翅却非常大，完全展开面积是前翅的 10 倍以上。蠼螋的后翅折叠非常复杂，包含了扇面折叠和对折两种方式。它们的翅膀大致可分为两个区域，在需要折叠时，首先是外侧区域以扇面方式进行折叠，缩小至 1/3；缩小后的翅膀又会两次对折缩小成 1/4，在 3 次折叠下，蠼螋的翅膀面积只有原来的 1/12！这样就可以轻松地隐藏在它们的前翅底下了。

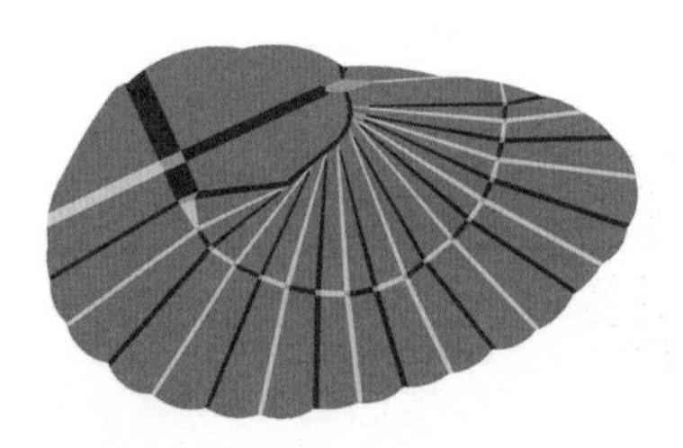

蠼螋展翅和蠼螋翅膀模型

蠼螋和甲虫的策略是相似的，后翅只有飞行的时候会展开，平时被好好地保护着。但这也有缺点，每次飞行之前，它们都必须先抬起前翅，再展开后翅，才能开始飞行。在残酷的自然界中，生死就在一瞬间，因此展开翅膀的速度尤为关键。螳螂和甲虫的单折叠模式并不算复杂，可以快速打开，但蠼螋呢？实际上，它们的翅膀打开速度也很快，几乎就在一瞬间，而且并不需要花费太多的力气，这种特点非常令人着迷。而有些蠼螋的后翅展开后非常漂亮，它们有时候展开翅膀不为飞行，就是为了亮出自己的警戒色来吓退敌人。

自动折纸大师

蠼螋把翅膀展开或许并不算一件难事，毕竟高度压缩的翅膀，扇动几下就会被甩开。但蠼螋最厉害之处，在于它是如何把翅膀精准地折叠回去的：蠼螋的翅膀上没有任何肌肉，它们不可能对翅膀进行精确折叠。实际上，蠼螋在“折纸”这件事上拥有极高的天赋，它们的翅膀由翅脉和翅膜组成，翅脉上有着独特的拉伸结构，连接着每一片被分开的翅膜。这些纵横交错的拉伸结构就像是一个小小的弹簧，又分别起到不同方向的弹力，在某个机关被打开的时候，蠼螋的翅膀会在弹性作用下，自动地发生扇形折叠，再发生两次对折，变成原来 1/12 的大小。

蠼螋的翅膀看似是一个平面，实际上是一直保持在一定紧绷度的立体结构，这种独特的结构可以让它们拥有折叠态和展开态两个稳定的结构，而最中间的翅脉就是两种状态改变的关键开关。蠼螋的翅膀无论在折叠时还是展开时，都可以理解为处在了一定的临界点，当翅膀中间施加了一定的压力，整个翅膀就可以在弹性翅膜的作用下，迅速自行展开或者收缩。科学家们利用塑料块模拟翅膜，用弹性聚合物连接塑料块来模拟翅脉，这种简化的“蠼螋翅膀”已然具备了自行折叠能力，并且只需要简单的触碰。

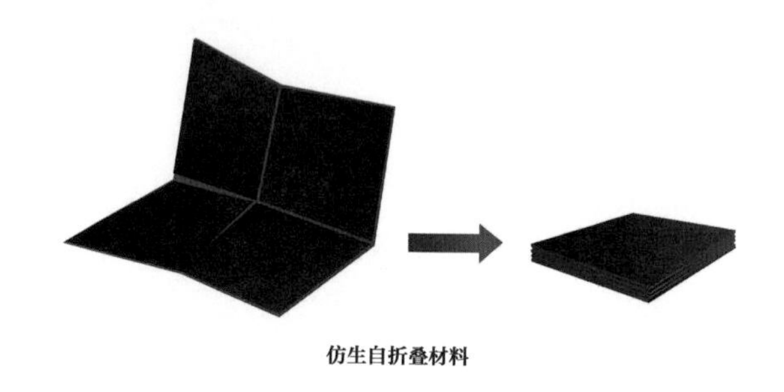

仿生自折叠材料

飞上太空

蠼螋翅膀的这种自折叠能力在动物世界里几乎是独一无二的存在。折叠技术看起来很陌生，但实际上却有着各种应用，例如大幅的地图和帐篷，展开往往很容易，但折叠回原来的大小却非常费时费力，更别提折回原来的形状了。试想一下，拥有一个可以自动展开和自动折叠的帐篷，用省下的时间去享受夕阳的暖光，该是多么惬意。

当然，科学家们有着更大的野心——飞上太空！卫星和太空航天器在发射时受到火箭的限制，需要尽量减少体积与重量，但太阳能帆板又需要有足够的面积才能提供足够的电力，而这两者的矛盾或许可以由蠼螋解决。将帆板用自折叠的方式进行收纳，发射升空后再自行展开成稳定结构，还可以减少用于执行和稳定帆板展开的设备重量。当然，这一切都基于对蠼螋翅膀的深度研究。

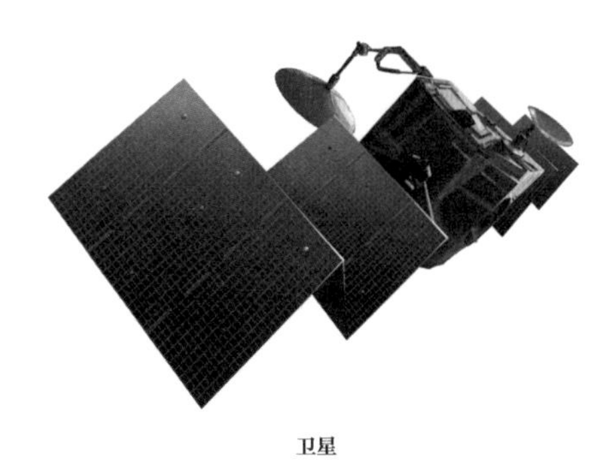

卫星

其实越是普通而常见的昆虫，越有可能成为人类学习的对象。这些昆虫正是因为其独特的生存能力才遍布在我们的视野中。而科学家就是这样一群在普遍中寻找规律的人，找到一个昆虫的规律，或许就能解决一个小的科学问题，而小答案不断积累起来的，就是通往未来的路。

结语

人类真的是地球上最聪明的生物吗？我相信大多数人会毫不犹豫地说：是！确实，从智力水平上来讲，人类的大脑发育远超其他生物，人类通过自己的力量创造了文明，改变了地球，创造了无数奇迹。但是在那些不起眼的角落里，昆虫，作为无脊椎动物中最成功的类群，则创造了更多的不可思议。

昆虫，是这个地球上最早飞上天的生物；昆虫，是这个地球上最早实现社会性生活的生物；昆虫，是这个地球上最早依靠耕作实现温饱的生物；昆虫，是这个地球上经历了三次非常严重的生物大灭绝后依然活跃的生物。昆虫的这些成就，是目前为止地球上任何一类其他生物都无法比拟的。可以说，如果要问这个地球上最成功的生物是谁，绝对不是人类，而是昆虫！“三人行，必有我师焉”，这不仅适用于向他人学习，也适用于向大自然学习。对人类而言，大自然蕴含着数不尽的知识财富。昆虫不仅是孩童时最好的玩伴，也是在成长道路上人类的最佳学习对象。在管理学中，你无法想象一个蚁后可以指挥几百万个成员；在建筑学中，你无法想象2毫米大的白蚁可以建造出全世界最精良的建筑；在材料学中，你无法想象昆虫可以改变自身的形态和颜色完全和环境融为一体。那么多无法想象的事情，只因为昆虫在地球上经过数亿年的竞争与淘汰。

人类在数百万年的进化中，能够超越其他物种，得益于智力的发展，而人类高智力的重要体现就是学习能力。我们擅长从大自然中观察现象，总结规律，灵活应用自然的馈赠，描述自然现象，模仿昆虫智慧发展科学，并展望科技未来。这其实正是科学的发展方式，也是每一个人学习自然科学的必经之路。面对昆虫这类全世界最成功的生物，我们需要学习的东西还很多。

科学最大的魅力就是从不止步，随着研究的深入，我们会发现自然中隐藏着更多的不可思议。希望在未来，有越来越多的青少年能够热爱自然，喜欢昆虫，因为昆虫是打开这个世界的一把金钥匙，它可以让我们像开天眼一样看待这个美妙的地球！